C#程序设计案例教程

主　编　郭树岩　刘一臻
副主编　卢志鹏　胡　楠　王彦明

北京理工大学出版社
BEIJING INSTITUTE OF TECHNOLOGY PRESS

内 容 简 介

本书以 Microsoft Visual Studio 2008 为开发环境，通过 3 个生动有趣的实例培养学生的程序逻辑思维能力，完成 C#程序的入门学习；以 3 个实际项目为载体，从计算机专业人员在实际工作中所需的基础能力和技术出发，培养学生开发桌面型和中小 C/S 架构程序的职业能力和职业素养。本书对每个项目的每个功能模块都有详细的代码分析，让每一个初学者都能读懂，方便教与学。

本书主要覆盖的知识面包括：C# 3.0 语法、C#面向对象基础知识、C#控制台应用程序、Windows 基本控件的应用程序、GDI + 图形图像处理、ADO. NET 数据库访问技术等。本书可作为职业教育或应用技术型本科计算机专业程序入门类的项目导向性教材，也可作为 . NET（C#）培训班或认证培训用教材，还可供自学者参考使用。

版权专有　侵权必究

图书在版编目（CIP）数据

C#程序设计案例教程 / 郭树岩，刘一臻主编 . —北京：北京理工大学出版社，2016.12
ISBN 978 − 7 − 5640 − 9432 − 4

Ⅰ. ①C… Ⅱ. ①郭…②刘… Ⅲ. ①C 语言 – 程序设计 – 教材 Ⅳ. ①TP312. 8

中国版本图书馆 CIP 数据核字（2017）第 004154 号

出版发行 / 北京理工大学出版社有限责任公司
社　　址 / 北京市海淀区中关村南大街 5 号
邮　　编 / 100081
电　　话 /（010）68914775（总编室）
　　　　　（010）82562903（教材售后服务热线）
　　　　　（010）68948351（其他图书服务热线）
网　　址 / http：// www. bitpress. com. cn
经　　销 / 全国各地新华书店
印　　刷 / 三河市华骏印务包装有限公司
开　　本 / 787 毫米 × 1092 毫米　1/16
印　　张 / 17
字　　数 / 400 千字
版　　次 / 2016 年 12 月第 1 版　2016 年 12 月第 1 次印刷
定　　价 / 52.00 元

责任编辑 / 王玲玲
文案编辑 / 王玲玲
责任校对 / 周瑞红
责任印制 / 李志强

前　言

　　C#是微软公司开发的一种面向对象的编程语言，是微软. NET 开发环境的重要组成部分。而 Microsoft Visual C# 是微软公司开发的 C#编程集成开发环境，是为生成在. NET Framework 上运行的多种应用程序而设计的。C#可以开发常见的 Web 应用程序和 Windows 应用程序，以其简单易用的编程界面以及高效的代码编写方式，深受广大编程人员的欢迎。

　　学习语言的目的是开发项目，但对于初学者，如何在学习基础知识后能独立开发项目，还存在一定的难度。本书就是为了帮助读者解决这个问题而编写的，本书所有项目都是 WinForm 项目，对每个项目都给出详细的代码，关键代码都给出解释并标注出来，便于教与学。

　　全书共分为 6 章，第 1~3 章主要介绍 C#的基本语法，每一章都列举若干实际程序，通过程序描述、实现步骤及代码分析获取相应知识点。其中，第 1 章 C#入门，通过实际程序让学生掌握 C#控制台程序和 Windows 程序的使用步骤，掌握 C#的基本语法，包括 C#数据类型、常量、变量及运算符的使用；第 2 章介绍 C#程序设计的流程控制语句，详细介绍选择语句、循环语句及数组的使用；第 3 章介绍面向对象程序设计的基础知识，包括类、构造函数、析构函数、方法、属性、类的继承和封装等；第 4 章介绍 Windows 应用程序开发，详细介绍常用的各种控件及其应用，并给出记事本项目的详细开发过程；第 5 章介绍图形图像编程（GDI +）、Graphics 类、Pen 类和 Brush 类的使用，并给出 GDI + 图形编程项目的详细开发过程；第 6 章介绍 C#数据库的应用，探讨了如何使用 ADO. NET 进行数据访问，介绍了 ADO. NET 中的数据提供程序和 DataSet 对象，以及如何利用这些对象访问数据，此外，介绍了如何使用数据绑定技术实现数据的填充过程，并给出了通讯录项目的详细开发过程。

　　本书适合作为教材，主要面向那些希望学习 C#、没有面向对象概念而且缺乏开发经验的学生及初学者。与现有其他教材相比，本书从应用与工程实践的角度出发，重在激发学生的学习兴趣和将所学知识应用于程序开发实际能力的培养。通过本书的学习，可以达到以下目的：

　　（1）熟悉 Visual Studio. NET 开发、调试应用程序的步骤和方法。

　　（2）掌握 Windows 应用程序设计的方法和技巧。

　　（3）在项目中贯穿面向对象程序设计的思想，掌握使用 C#进行面向对象程序设计的方法。

　　（4）掌握常见图形应用程序的编写方法。

　　（5）掌握 ADO. NET 对象模型体系，学会使用多层架构搭建数据库应用程序。

　　本书由郭树岩、刘一臻主编；卢志鹏、胡楠、王彦明副主编。第 1 章和第 5 章由刘一臻编写；第 2 章由卢志鹏编写；第 3 章由王彦明编写；第 4 章由郭树岩编写；第 6 章由胡楠编写。全书由郭树岩统稿。在编写本书过程中，编者参阅了大量的文献资料和网站资料，在此对所参考资料的作者也表示感谢。

  本书文稿的录入，程序编写、运行以及插图的截取都是在 Windows 环境下同步进行的，所有程序都已在 Visual Studio. NET 2008 中文版环境中调试运行通过。由于编写时间和作者水平有限，书中不当之处在所难免，敬请广大读者批评指正。

编　者

目录

第1章 C#入门 (1)
1.1 第一个控制台应用程序设计实例 (1)
1.1.1 程序描述 (1)
1.1.2 实现步骤 (1)
1.1.3 注释及空白符的使用 (3)
1.1.4 Write 和 WriteLine 方法、字符串连接 (4)
1.1.5 C#语言运行与调试 (5)
1.2 第一个 Windows 应用程序设计实例 (7)
1.2.1 Visual Studio C# IDE 简介 (7)
1.2.2 程序描述 (10)
1.2.3 实现步骤 (10)
1.2.4 程序代码实现及分析 (14)
1.3 在程序中使用数据 (17)
1.3.1 程序描述 (17)
1.3.2 代码实现及分析 (17)
1.3.3 C#语言变量、常量和赋值 (18)
1.3.4 交互式程序 (19)
1.3.5 数据类型及转换 (19)
1.4 让程序为我们计算 (21)
1.4.1 程序描述 (21)
1.4.2 代码实现及分析 (21)
1.4.3 表达式和优先级 (22)
实训 1 (24)

第2章 流程控制语句 (25)
2.1 选择控制流程程序实例 (25)
2.1.1 程序描述 (25)
2.1.2 代码实现及分析 (25)
2.1.3 if 语句 (27)
2.1.4 嵌套的 if 语句 (27)

2.1.5　switch 语句 ……………………………………………………………… (28)
　2.2　while 循环程序实例 ……………………………………………………………… (30)
　　　2.2.1　程序描述 …………………………………………………………………… (30)
　　　2.2.2　代码实现及分析 …………………………………………………………… (30)
　　　2.2.3　while 语句 …………………………………………………………………… (32)
　　　2.2.4　do–while 语句 ……………………………………………………………… (32)
　　　2.2.5　跳转语句：break、continue、goto ………………………………………… (33)
　2.3　for 循环程序实例 ………………………………………………………………… (34)
　　　2.3.1　程序描述 …………………………………………………………………… (34)
　　　2.3.2　代码实现及分析 …………………………………………………………… (34)
　　　2.3.3　for 语句 ……………………………………………………………………… (36)
　　　2.3.4　嵌套的 for 循环 …………………………………………………………… (36)
　2.4　for 循环语句在数组上的应用 …………………………………………………… (37)
　　　2.4.1　程序描述 …………………………………………………………………… (37)
　　　2.4.2　代码实现及分析 …………………………………………………………… (37)
　　　2.4.3　C# 的数组 …………………………………………………………………… (38)
　　　2.4.4　foreach 语句 ………………………………………………………………… (39)
　　　2.4.5　调试：监视窗口 …………………………………………………………… (40)
　实训 2 ……………………………………………………………………………………… (40)
第 3 章　C# 面向对象编程基础 ………………………………………………………… (41)
　3.1　学会使用已有资源 ……………………………………………………………… (41)
　　　3.1.1　程序描述 …………………………………………………………………… (41)
　　　3.1.2　代码实现及分析 …………………………………………………………… (41)
　　　3.1.3　.NET 框架类之 Math 类 …………………………………………………… (43)
　　　3.1.4　.NET 框架类之 Random 类 ………………………………………………… (44)
　　　3.1.5　.NET 框架类之 String 类 …………………………………………………… (45)
　3.2　学生类的初步设计 ……………………………………………………………… (48)
　　　3.2.1　程序描述 …………………………………………………………………… (48)
　　　3.2.2　代码实现及分析 …………………………………………………………… (49)
　　　3.2.3　方法的解析 ………………………………………………………………… (51)
　　　3.2.4　域和属性 …………………………………………………………………… (54)
　3.3　学生类的进阶设计 ……………………………………………………………… (57)
　　　3.3.1　程序描述 …………………………………………………………………… (57)
　　　3.3.2　代码实现及分析展示 ……………………………………………………… (57)
　　　3.3.3　构造函数和析构函数 ……………………………………………………… (58)
　　　3.3.4　封装（Encapsulation） …………………………………………………… (59)
　　　3.3.5　继承 ………………………………………………………………………… (59)
　实训 3 ……………………………………………………………………………………… (61)

第4章　Windows 应用程序 (62)

4.1　Windows 常用控件 (62)
4.1.1　窗体设计 (62)
4.1.2　常用的控件设计 (67)
4.2　对话框应用 (103)
4.3　菜单设计 (108)
4.4　多文档界面（MDI） (117)
4.5　项目一　记事本 (125)
4.5.1　项目简介 (125)
4.5.2　记事本程序的设计与实现的步骤和方法 (125)
4.5.3　运行记事本程序 (143)
实训 4 (143)

第5章　GDI＋图像编程 (145)

5.1　GDI＋绘图基础 (145)
5.1.1　GDI＋概述 (145)
5.1.2　Graphics 类 (146)
5.1.3　常用画图对象 (148)
5.1.4　基本图形绘制举例 (151)
5.1.5　画刷和画刷类型 (156)
5.2　C#图像处理基础 (162)
5.2.1　C#图像处理概述 (162)
5.2.2　图像的输入和保存 (163)
5.2.3　图像的拷贝和粘贴 (167)
5.2.4　彩色图像处理 (170)
5.3　项目二　GDI＋图形处理 (177)
5.3.1　功能描述 (177)
5.3.2　设计步骤及要点解析 (177)
实训 5 (184)

第6章　数据库应用 (185)

6.1　数据库概述 (185)
6.1.1　关系数据库模型 (185)
6.1.2　结构化查询语言（SQL） (186)
6.2　ADO.NET 数据库访问技术 (191)
6.2.1　ADO.NET 对象模型 (191)
6.2.2　创建连接 (193)
6.3　使用 Command 对象与 DataReader 对象 (195)
6.3.1　Command 对象 (195)
6.3.2　DataReader 对象 (197)
6.4　使用 DataSet 对象与 DataAdapter 对象 (200)

    6.4.1 DataSet 对象 …………………………………………………………………（200）
    6.4.2 DataAdapter 对象 ……………………………………………………………（203）
  6.5 数据绑定 ………………………………………………………………………………（207）
    6.5.1 数据绑定概述 …………………………………………………………………（207）
    6.5.2 简单数据绑定 …………………………………………………………………（208）
    6.5.3 复杂数据绑定 …………………………………………………………………（210）
    6.5.4 DataGridView 控件 ……………………………………………………………（215）
  6.6 项目三　通讯录系统 …………………………………………………………………（220）
    6.6.1 项目描述 ………………………………………………………………………（220）
    6.6.2 数据库设计 ……………………………………………………………………（220）
    6.6.3 项目的数据库连接 ……………………………………………………………（221）
    6.6.4 项目的主窗体的设计 …………………………………………………………（224）
    6.6.5 项目的分组列表 ………………………………………………………………（227）
    6.6.6 项目的联系人列表 ……………………………………………………………（239）
    6.6.7 用户密码修改 …………………………………………………………………（256）
  实训 6 ………………………………………………………………………………………（259）
参考文献 ……………………………………………………………………………………（260）

第 1 章

C#入门

1.1 第一个控制台应用程序设计实例

1.1.1 程序描述

本例将创建一个简单却结构完整的 C#控制台程序,即设计一个计算圆面积的控制台应用程序。

通过本示例,应学会:

①创建一个结构合理的控制台程序并运行调试;

②能够使用控制台输出函数 WriteLine 输出各种字符串及特殊字符。

1.1.2 实现步骤

在 Visual Studio 2008(简称 VS2008)中创建控制台应用程序的步骤如下:

1. 新建控制台项目

运行 VS2008,执行"文件"→"新建"→"项目"菜单命令,弹出"新建项目"对话框,选择 Visual C#的 Windows 项目类型,选择控制台应用程序模板,项目命名为"EX1_1",如图 1.1 所示。

2. 添加代码

单击"确定"按钮后,系统新建了一个命名为"EX1_1"的控制台项目,并打开 Program.cs 文件。添加代码,代码如下:

```csharp
using System;
using System.Collections.Generic;using System.Linq;
using System.Text;
namespace EX1_1                          //定义的命名空间
{
    class Program                        //定义类 Program
```

图1.1

```
    {
        static void Main(string[]args)              //程序的入口点
        {
            Console.WriteLine("请输入圆的半径");     /* 输出"请输入圆
                                                        的半径"提示字
                                                        样*/
            string r = Console.ReadLine();          /* 读入所输入的
                                                        字符*/
            double IntR = Convert.ToDouble(r);      /* 将字符类型转换
                                                        为数值类型*/
            const double PI = 3.1415926;            //定义圆周率
            Console.WriteLine(PI* IntR* IntR);      /* 计算圆面积并
                                                        输出*/
Console.ReadKey();
        }
    }
}
```

3. 运行程序，计算圆的面积

按Ctrl+F5快捷键或"调试"→"开始执行"运行程序，输入半径值"12"，结果如图1.2所示。

说明：

①命名空间提供了一种组织相关类和其他类型的方式，当引用了命名空间时，即可直接调用其中的类。例如，

图1.2

System 是一个命名空间，Console 是该命名空间中的类。在后面章节中将详细介绍。

②Console 类属于 System 命名空间，表示控制台应用程序的标准输入、输出流和错误流。提供用于从控制台读取单个字符或整行的方法，还提供若干写入方法，可将值类型的实例、字符数组以及对象集自动转换为格式化或未格式化的字符串，然后将该字符串（可选择是否尾随一个行终止字符串）写入控制台。

③static void Main 为程序定义了入口点。应用程序启动时，Main 方法是第一个调用的方法，程序总是以 Main 函数后的一对花括号为开始和结束。一个 C#应用程序只能有一个入口点。

④WriteLine 方法将指定字符串显示到屏幕上，要显示的字符串用双引号（""）括住。

⑤ReadKey 和 WriteLine 方法一样，都是 C#的标准类库的方法。将它放在这里，程序将会等待用户的输入，必须按下 Enter 键才能终止程序。这样就有时间查看程序运行的结果了。如果没有这句，则程序在执行完后将关闭，看到的将是闪了一下就关闭的控制台屏幕。

⑥在代码中"∥"为代码注释符号，也可以使用"/* 所要注释内容 */"加以注释。如：

```
namespace EX1_1              /* 定义的命名空间*/
```

⑦调试运行程序有两种方式，分别如下：

a. 执行"调试"→"开始执行（不调试）"菜单命令，或者直接按 Ctrl + F5 快捷键运行程序。这种方式只执行程序，并不调试程序。

b. 执行"调试"→"启动调试"菜单命令，或者直接按 F5 快捷键调试程序。这种方式需要设置断点，当程序执行到断点时，按 F10 快捷键逐步调试程序，也可以单击工具栏中的"▶"按钮启动调试。

1.1.3 注释及空白符的使用

1. 注释

注释是独立于代码的文档，不参与编译，是程序员用来交流想法的途径。注释通常反映程序员对代码逻辑的见解。因为程序可能会使用一段比较长的时间，并在这段时间内多次修改，需要修改时，程序员经常已经记不起特殊的细节，或者已经找不到原来的程序员了。这样从头去理解程序要花费大量的时间和精力。所以好的注释文档是相当重要的。

C#的注释有两种形式：

一种是多行注释：/*   */，在/* 和 */之间的语句都不参加编译。

另一种是单行注释：∥，即本行∥后的语句为注释，不参与编译。

注释的作用主要有两点：

一是让程序员之间更好地交流。一般情况下，程序员习惯在程序的开头加上一段注释，标明该程序的基本信息。注释也经常用在一些较难理解的程序行后，起到解释的作用。

二是在调试程序时通过注释使一些不确定的代码不参加编译，以帮助程序员找出错误代码。

2. 空白符

C#程序使用空白符来分隔程序中使用的词和符号。空白符包括空格、制表符和换行符。

正确使用空白符可以提高程序的可读性。

C#程序中，单词之间必须用空白符来分隔。其他空白符都将被编译器忽略，不会影响到程序的编译和运行结果。但一个好的程序员应该养成合理使用缩进和对齐的好习惯，从而使程序的结构更加清晰。

1.1.4 Write 和 WriteLine 方法、字符串连接

1. Write 和 WriteLine 方法的基本应用

在该任务中，触发了如下 WriteLine 函数的语句：

```
Console.WriteLine(PI* IntR* IntR);
```

在这个语句中，Console 是 C#的控制台类；WriteLine 方法是 Console 类提供的一项服务，该服务的功能为在用户屏幕上输出表达式或字符串。可以说，把数据通过 WriteLine 方法发送消息给 Console，请求打印一些文本。

发送给 Console 方法的每个数据都称为参数（parameter）。在这个例子中，WriteLine 方法只使用了一个参数：要打印的表达式。

Console 类还提供了另一种可以使用的类似的服务：Write 方法。Write 方法和 WriteLine 方法的区别很小，但必须知道：WriteLine 方法打印发送给它的数据，然后光标移到下一行的开始；而 Write 方法完成后，光标则停留在打印字符串的末尾，不移动到下一行。例如：

```
Console.Write("老师");
Console.WriteLine("早晨好!");
Console.Write("我的启蒙老师");
Console.WriteLine();
Console.Write(" ----- 谢谢您");
```

其运行结果如图 1.3 所示。

注意：WriteLine 方法是在打印完发送给它的数据后，才将光标移动到下一行的。

2. 字符串连接

由上述介绍可知，在程序中，代码是可以跨越多行的。因为编译器是以分语句结束标识的，回车换行不影响程序的编译。

图 1.3

但是，双引号中的字符串文字不能跨越多行！比如：下面的程序语句语法是不正确的，尝试编译时将会产生一个错误。

```
Console.WriteLine("你知道何时放假吗?
             我还真是不知道。");
```

因此，如果想要在程序中打印一个比较长，无法在一行内写完的字符串，就可以使用字符串连接（string concatenation）将两个字符串头尾相连。字符串连接的运算符是加号（+）。例如，下面的表达式将两个字符串连接起来，产生一个较长的字符串：

```
Console.WriteLine("你知道何时放假吗?" +
"我还真是不知道。");
```

3. 转义序列

在 C#中输出字符串时，双引号（"）用于指示一个字符串的开始和结束。假如想打印出一个引号，将它放在一对双引号中（" " "），编译器会感到困惑，因为它认为第 2 个引号是字符串的结束，而不知道该对第 3 个引号如何处理，结果导致一个编译错误。

C#语言定义了一些转义序列来表示特殊字符，见表 1.1。转义字符由反斜杠（\）开始，它告诉编译器，后面跟的一个或者多个字符应该按照特殊的方式来解释编译。

表 1.1

转义字符	意义
\'	用来表示单引号
\"	用来表示双引号
\ \	用来表示反斜杠
\ 0	用来表示空字符
\ a	用来表示感叹号
\ b	用来表示退格
\ f	用来表示换页
\ n	用来表示换行
\ r	用来表示回车
\ t	用来表示水平 Tab
\ v	用来表示垂直 Tab

1.1.5　C#语言运行与调试

程序编写完后，就可以运行查看结果了。在 Visual Studio 2008 中，选择"调试"→"启动调试"，若程序没有语法错误，就能直接运行出结果；否则调试终止。启动调试的快捷键为 F5。

此外，还可选择"调试"→"逐语句"，若程序没有语法错误，则 Visual Studio 2008 编译器将从 Main 函数开始，逐行执行代码，正在执行的代码行以黄底高亮显示。采用逐语句调试可以逐行查看代码运行过程的详细情况。当程序出现运行错误时（没有语法错误，但运行出来的结果和预计的不一样），也可以通过逐语句运行来帮助找出错误所在。逐语句调试的快捷键为 F11。

在例 EX1_1 中设置断点逐步调试程序。

调试步骤如下：

①单击语句"Console.WriteLine("请输入圆的半径");"的左端设置断点，如图 1.4 所示。

②按 F5 快捷键调试程序，程序执行到断点处停止执行，如图 1.5 所示。

③按 F10 快捷键逐步调试程序，当弹出控制台窗口提示输入圆的半径时，输入半径"5"，按 Enter 键继续运行程序，同时，在"自动窗口"中显示各个变量的值，最终将计算的结果显示在控制台窗口中。

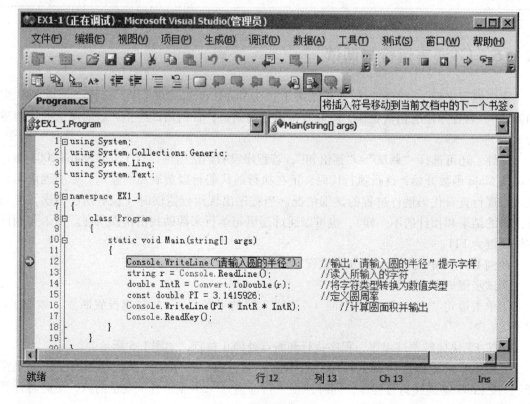

图1.4

图1.5

1.2 第一个 Windows 应用程序设计实例

1.2.1 Visual Studio C# IDE 简介

Visual Studio C#集成开发环境（IDE）是一种通过常用用户界面公开的开发工具的集合。用户可以通过 IDE 中的窗口、菜单、属性页和向导与这些开发工具进行交互。打开 Visual Studio 2008，IDE 的默认外观如图 1.6 所示。

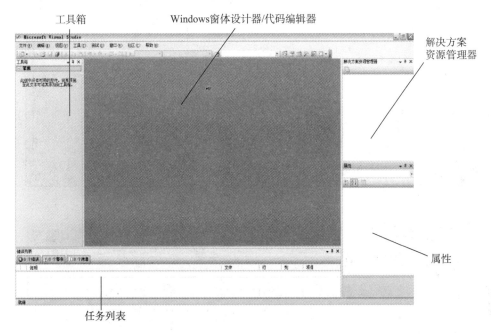

图 1.6

图 1.6 中所示工具的窗口都可从"视图"菜单打开。其中，较常用的有以下 4 种：
①代码编辑器：用于编写源代码。
②工具箱和 Windows 窗体设计器：用于使用鼠标迅速开发用户界面。
Windows 窗体设计器和代码编辑器在 IDE 的同一个位置上，可以通过上方的页面选择切换，如图 1.7 和图 1.8 所示。
③"属性"窗口：用于配置用户界面中控件的属性和事件，如图 1.9 所示。
④解决方案资源管理器：可用于查看和管理项目文件和设置。该窗口以分层树视图的方式显示项目中的所有文件。创建 Windows 窗体项目时，默认情况下，Visual C#会将一个窗体添加到项目中，并为其命名为 Form1，表示该窗体的两个文件称为 Form1.cs 和 Form1.Designer.cs。这些文件列表都可以在"解决方案资源管理器"中查看到，如图 1.10 所示。

图 1.10 中，Form1.cs 是写入代码的文件。

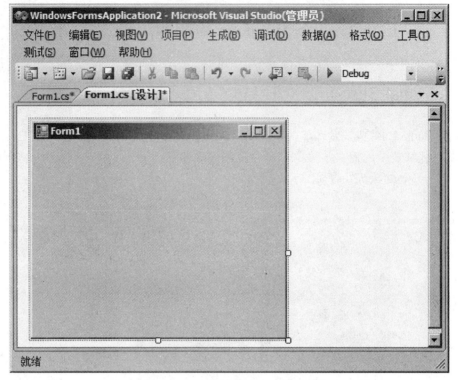

图 1.7

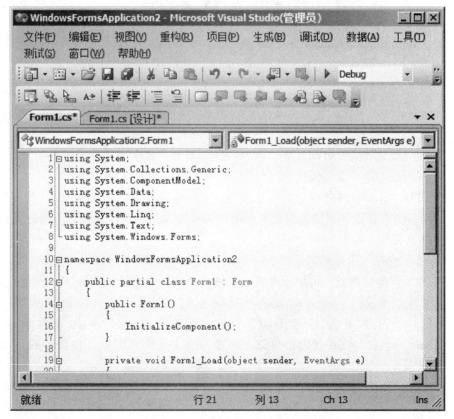

图 1.8

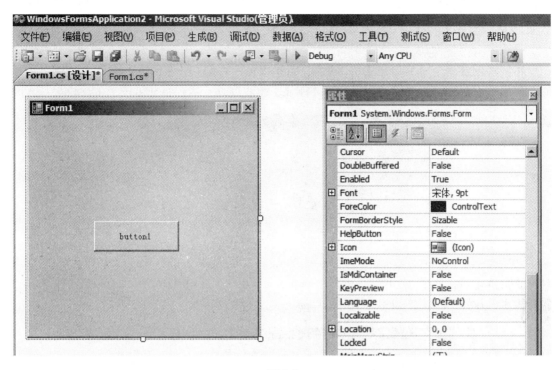

图 1.9

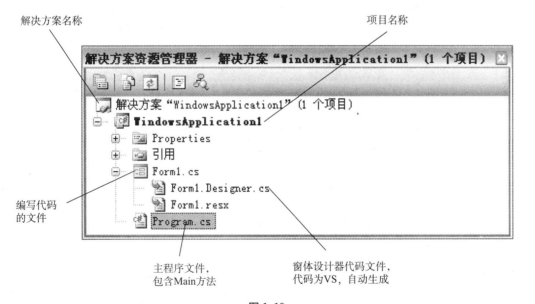

图 1.10

Form1. Designer. cs 文件中的代码是 Windows 窗体设计器自动写入的，这些代码用于实现所有通过从"工具箱"中拖放控件执行的操作。在该文件中就可以看到对应窗体所有控件的属性及事件。

1.2.2 程序描述

本例将创建一个简单却完整的 C# WinForms 程序,该程序包含两个窗体,在程序运行时,先显示版权窗体,关闭版权窗体后才能显示出主窗体。版权窗体如图 1.11 所示。

图 1.11

主窗体中包含一个 label 控件和三个 button(按钮)。通过代码实现对 label 的字体、背景及大小的设置。主窗体如图 1.12 所示。

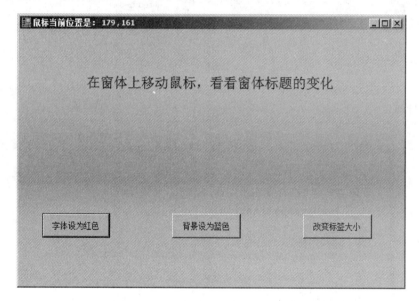

图 1.12

通过本程序,应:
①理解窗体控件的属性和事件的作用;
②能够使用基本控件设计窗体界面;
③能够编写简单的事件处理程序。

1.2.3 实现步骤

1. 在 VS2008 中创建 Windows 应用程序的步骤
①在 VS2008 的集成开发环境中选择"文件"→"新建"→"项目",如图 1.13 所示。

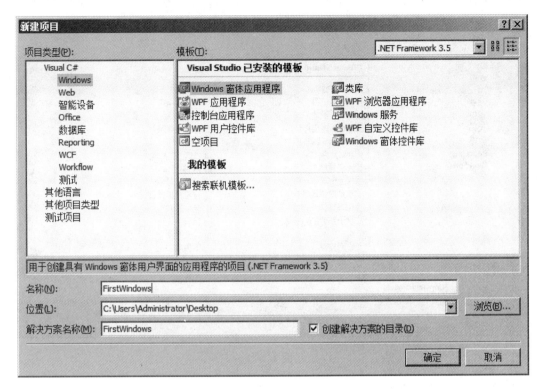

图 1.13

②选择"Windows 窗体应用程序",输入"名称",选择存放的"位置",单击"确定"按钮。Visual Studio 创建出一个默认窗体,该窗体就是本任务的主窗体。在右侧可看到一个解决方案管理器。向导为新项目增加了一个 Form1.cs 文件。

注:可以为 Form1.cs 重命名。在解决方案管理器中的 Form1.cs 上右击,选择"重命名",输入窗体名称。这里将其重命名为"mainFrm"。

应当养成给窗体取一个可"顾名思义"的名称的好习惯。试想一下,在开发多窗体的应用程序时,若使用 Visual Studio 自动创建的名称 Form1、Form2、Form3 等,将给开发团队的成员造成困扰。

2. 在 VS2008 中创建 Windows 窗体的步骤

本任务共包含两个窗体:一个是主窗体,由项目默认创建;另一个是版权窗体,是项目的子窗体,由手动创建。版权窗体创建方法如下:

①打开已有的项目,选择"项目"→"添加 Windows 窗体",或者单击 按钮,弹出"添加新项"对话框,如图 1.14 所示。

②选择"Windows 窗体",输入"名称",单击"添加"按钮,创建一个空白窗体。通过拖曳改变窗体大小,形成版权窗体,并将其命名为"CopyRightFrm"。

3. 添加控件的方法

在窗体中添加控件的方法有两种,第一种方法步骤如下:

①单击工具箱中的工具。

②在窗体中需要添加工具的地方单击,即可添加标准大小的控件。若需要改变大小,则可以拖曳或在属性窗口中修改 size 属性。

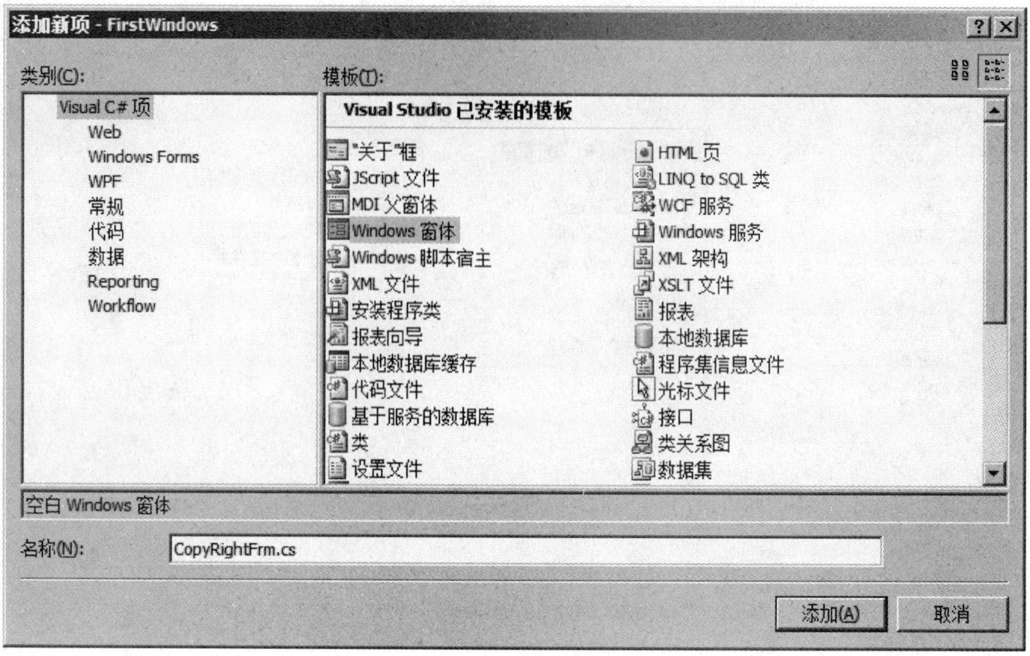

图1.14

另外，也可以按以下方法操作：

①单击工具箱中的工具。

②在窗体中需要添加工具的地方拖动到适当的大小。

添加好控件后，就该为控件设置属性和事件了。在设计器中用鼠标选中控件，可以看到属性窗口变为当前选中的控件的属性。各控件属性设置见表1.2。

表1.2

所属窗体	件控	名称（Name）	文本（Text）
版权窗体	窗体（form2）	copyRightFrm	版权所有
	标签（label1）	label1	空
主窗体	窗体（form1）	form1	空
	标签（label1）	lblExp	在窗体上移动鼠标，查看窗体标题的变化
	按钮1	btnFore	字体设为红色
	按钮2	btnBack	背景设为蓝色
	按钮3	btnSize	改变标签大小

Name属性和Text属性的不同之处为：

①Name是控件的名称，是控件在程序中的唯一标识，它的命名必须遵循C#标识符的命名规则（这将在下一个任务中详细讲解）。而且，在一个文件中，不能出现两个名称相同的控件。

②Text是控件相关的文本，通常是在控件上显示的字符串，如按钮上的文本、窗体的标

题等。它可以是中文和特殊字符，可以重名。

4. 添加事件——编写代码

①选中控件，将属性窗口切换到事件窗口。

②找到事件名，在事件名右边的空白处双击，Visual Studio 从设计器自动切换到代码编辑器，并自动生成事件处理函数的函数体。为方便查找，可以根据需要选择适当的排序方式。

③每个控件都有一个默认事件，按钮和文本标签的默认事件都是单击事件，而窗体是载入事件。有兴趣的读者可以试一下。默认事件通过双击控件生成。

例如，要为"字体设为红色"按钮添加单击事件，可以在事件窗体中找到"Click"，双击右边空白进入事件；也可以直接双击按钮进入。两种方法是一样的，都可自动生成如下函数体（图1.15）：

```
private void btnFore_Click(object sender,EventArgs e)
        {
        }
```

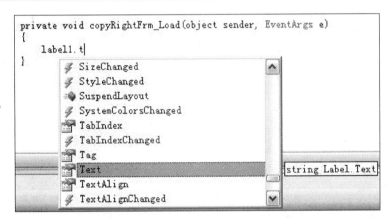

图 1.15

当用户单击该按钮时，执行这对花括号里的代码。函数名由控件名和事件名组成，这样既可以保证函数名不重复，又可以使其一目了然。

除了属性和事件外，成员还包含一些可用的函数。

这些事件的参数都是"object sender，EventArgs e"。

object sender 和 EventArgs e 及其处理方式，是 Windows 消息机制的另外一种表现。即动作被 Windows 捕获，Windows 把这个动作作为系统消息发送给程序（通过 message 结构），程序通过消息循环从自己的消息队列中不断地取出消息，并发送到窗口中寻找对应的处理方式。例如，点击了某个按钮，我们的动作，点击的是哪个按钮、如何点击（单击、右击或双击）等就通过 sender 和 e 发送给窗口应用程序，找到对应的事件处理函数进行处理。这时 message 结构中的类似于 sender 和 e 的参数就起到了引导程序使用正确的处理函数的作用。

object sender：发出事件的对象。程序根据 sender 引用控件。如果是按钮 button，则 sender 就是那个 button。

System. EventArgs e：对象中的数据。e 是事件参数。在某些事件里，e 用处不大；但在 MouseEventArgs 的 Mouse 事件中，e 包括 mouse 的坐标值 e. X 和 e. Y。

1.2.4 程序代码实现及分析

应用程序主、子窗体及 Windows 应用程序的入口文件完整代码如下（在"解决方案资源管理器"（图 1.16）中双击 mainFrm.cs 就能看到主窗体对应的代码）：

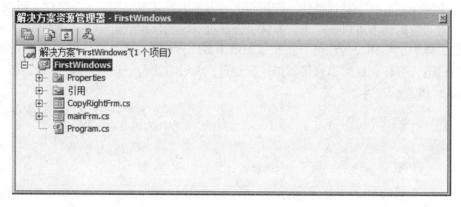

图 1.16

```
1    using System;
2    using System.Collections.Generic;
3    using System.ComponentModel;
4    u sing System.Data;
5    using System.Drawing;
6    using System.Text;
7    using System.Windows.Forms;
8    namespace FirstWindows
9    {
10       public partial class mainFrm:Form
11       {
12           public mainFrm()
13           {
14               InitializeComponent();
15           }
16           private void btnFore_Click(object sender,EventArgs e)
17           {
18               lblExp.ForeColor=Color.Red;
19           }
20           private void btnBack_Click(object sender,EventArgs e)
21           {
22               lblExp.BackColor=Color.Blue;
23           }
```

```
24         private void mainFrm_MouseMove(object sender,MouseEventArgs e)
25         {
26             this.Text = string.Format("鼠标当前位置是:{0},{1}", e.X,e.Y);
27         }
28         private void mainFrm_Load(object sender,EventArgs e)
29         {
30             this.Text = "第一个 Windows 程序";
31             this.TopMost = true;
32             this.Hide();
33         }
34         private void btnSize_Click(object sender,EventArgs e)
35         {
36             Size s = new Size(300,200);
37             lblExp.Size = s;
38         }
39     }
40 }
```

代码分析：

1~15　系统自动生成的代码。

16~19　按钮 btnFore（字体设为红色）的单击事件处理函数。将文本标签 lblExp 的前景色（字体色）设为红色。

20~23　按钮 btnBack（背景设为蓝色）的单击事件处理函数。将文本标签 lblExp 的背景色设为蓝色。

24~27　窗体 mainFrm（主窗体）的鼠标移动事件处理函数。当鼠标在窗体上移动时触发。读取事件参数 e 中的数据 e.X 和 e.Y，把它们显示到窗体的标题上。this 关键字表示当前对象，这里是窗体。

28~33　窗体载入事件，该事件在窗体初始化时触发。该事件是窗体的默认事件，可以通过双击窗体空白处来生成。代码设置窗体标题文字，将窗体设为总在最前，并将窗体暂时隐藏（因为要先显示版权窗体）。

34~38　按钮 btnSize（改变标签大小）的单击事件处理函数。将文本标签 lblExp 的大小设为 300×200 像素。

在"解决方案资源管理器"中双击 copyRightFrm.cs，得到版权窗体对应的代码（以下代码省去了前面和 mainFrm 一样的 using 语句）：

```
1 namespace FirstWindows
2 {
3     public partial class copyRightFrm:Form
4     {
```

```
5          public int count=0;
6          public copyRightFrm()
7          {
8               InitializeComponent();
9          }
10         private void copyRightFrm_FormClosed(object sender, FormClosedEventArgs e)
11         {
12              count=1;
13         }
14         private void copyRightFrm_Load(object sender,EventArgs e)
15         {
16              label1.Text = "CopyRight1.0 \n \nBy Vicky";
17         }
18    }
19 }
```

代码分析：

5 定义全局变量 count 并设初值为 0。该变量的具体功能要和 Program.cs 文件结合起来看才能完整。

10~13 版权窗体的关闭事件处理函数。在版权窗体关闭时，将全局变量 count 的值设为 1。

14~17 版权窗体的载入事件处理函数。设置 label1 的文本，也可以直接在 label1 的属性中设置，而不必写代码。这里是为了让大家多练习、多接触，才写到事件里的。

```
11         [STAThread]
12         static void Main()
13         {
14              Application.EnableVisualStyles();
15              Application.SetCompatibleTextRenderingDefault(false);
16              copyRightFrm Frm_cr=new copyRightFrm();
17              Frm_cr.ShowDialog();
18              if(Frm_cr.count==1)
19                  Application.Run(new Form1());
20         }
21    }
22 }
```

代码分析：

16~19 添加的代码，其余为 Visual Studio 自动生成的，用于将程序运行起来。

16 创建 copyRightFrm 的实例对象 Frm_cr。

17 ShowDialog() 以独占方式显示版权窗体 Frm_cr。也就是说，版权窗体显示的时候，相对项目而言是独占的，必须关闭版权窗体后才能继续处理项目的其他事务。

18　判断 Frm_cr 对象的 count 属性是否为 1，若为 1，才执行第 19 行代码。在 form2.cs 中可见，只有在窗体关闭时，count 值才能被处理函数改变为 1。也就是说，只有版权窗体关闭了，才能往下执行。此类通常也用于登录窗体的独占显示等。此类判断将在后面的章节详细介绍。

19　初始化主窗体，使应用程序真正运行起来。

1.3　在程序中使用数据

1.3.1　程序描述

本程序通过一个基本的交互程序，将数据通过键盘输入给程序，并在程序中做一定的转换处理，最后将处理结果输出到用户屏幕。

通过本任务，应学会：

①与程序进行交互；

②在程序中使用变量和常量表示数据；

③在不同类型变量之间进行转换。

1.3.2　代码实现及分析

```
1   using System;
2   using System.Text;
3   namespace ConsoleApplication1
4   {
5       class Program
6       {
7           static void Main(string[]args)
8           {
9               string myString;
10              int myInt;
11              double myDouble,tempDouble;
12              Console.Write("请输入一行文本:");
13              myString = Console.ReadLine();
14              Console.WriteLine("您输入了:\"" + myString + "\"");
15              Console.Write("请输入一个整数:");
16              myInt = int.Parse(Console.ReadLine());
17              Console.WriteLine("您输入了:\"" + myInt + "\"");
18              Console.Write("请输入一个小数:");
```

```
19            myDouble = double.Parse(Console.ReadLine());
20            Console.WriteLine("您输入了:\"" + myDouble + "\"");
21            tempDouble = myInt;
22            Console.WriteLine("将整数赋值给double变量后得到:\"" +
23            tempDouble.ToString("0.0") + "\"");
24            myInt = (int)myDouble;
25            Console.WriteLine("将小数强制转换成整数后:\"" + myInt
+ "\"");
26            Console.ReadLine();
27        }
28    }
29 }
```

代码分析：

13　在用户屏幕上，将键盘输入的一行文本作为字符串保存到变量myString中。

14　回显变量myString的值。

16～17　将终端输入的字符串（同样以回车结束）转换成整数保存到变量myInt中，并回显。

19～20　和16～17行的功能一样，只是这里是double类型，即小数。

21　将整型变量myInt赋值给双精度类型变量tempDouble，实现了变量间的隐式转换。

22　回显tempDouble，在ToString()函数中加上参数"0.0"，表示小数部分即使为0也会显示出来。

23　将双精度类型变量myDouble强制转换成整型变量myInt，强制转换将丢失部分数据，如该语句将丢失小数部分。

1.3.3　C#语言变量、常量和赋值

变量是数据的存储位置，变量名就像门牌号一样。可以把数据存放到变量中，也可以取出来作为C#表达式的一部分使用。

变量（variable）是用于保存数据的值的存储单元的名称。变量的声明告诉编译器需要使用一个某种类型的值，编译器就会为该值预留一块足够大的内存空间，同时指明用来引用这个内存单元的名称（门牌号）。变量声明的语法如下：

数据类型　变量名；

如：int　age；，表示定义一个整型变量，名为age。

一个变量声明可以在同一行上有多个相同类型的变量。该行上每个变量可以有初值，也可以没有。

C#的数据类型将在1.3.5节详细介绍。变量的基本命名规则：

①变量名的第一个字符必须是字母、下划线（_）或@。

②其后的字符可以是字母、下划线或数字。

③不得使用系统标准标识符（又称为关键字或保留字）。因为关键字对于C#编辑器而言

有特定含义,如果将关键字定义为变量名,编译器会出错(关键字在 Visual Studio 中默认显示为蓝色)。

例如,下列变量名是合法的:

```
my88
HELLO
_cookies
```

而下列变量名不合法:

```
24LondonBridge      //第一个字符不能是数字
waiting-for-you     //使用非法符号横杠"-",若为下划线"_"则合法
namespace           //使用了系统的名称空间关键字 namespace
```

另外,对于变量命名还有以下两点建议:

①定义变量名时应尽量做到"顾名思义",如 age、name、side 等。尽量不要用难以理解的缩写,比如用 bc 表示边长,这样不仅不利于别的程序员阅读你的程序,一段时间后,连自己都很难理解这个变量的含义。

②对于简单的关键字,一般使用全小写字母组成的单词表示,而对于较复杂的需要多个单词表示的,每个单词除第一个字母大写外,其余的字母均小写(第一个单词的首字母也用小写),如 firstName、timeOfDeath 等。

1.3.4 交互式程序

通常需要程序在执行时与用户进行交互,从用户那里读取数据,这样程序才能每次都根据用户输入的数据计算出不同的结果。

C#的交互函数主要有两种:Console.Read() 和 Console.ReadLine(),它们的功能都是从键盘读入信息。唯一不同的是,Read() 方法用于获得用户输入的任何值(可以是任何的字母或数字) 的 ASCII 值;ReadLine() 用于将获得的数据保存在字符串变量之中。

ReadLine() 方法获得的字符串也可以转换成其他数值类型,转换方法在本任务的程序代码中就已经接触过了:

```
myInt = int.Parse(Console.ReadLine());
myDouble = double.Parse(Console.ReadLine());
```

1.3.5 数据类型及转换

变量中所存放的数据的含义是通过类型来控制的。C#提供一套预定义的结构类型,称作简单类型。简单类型用保留字定义,这些保留字仅仅是在 System 名字空间里预定义的结构类型的化名。比如,int 是保留字,System.Int32 是在 System 名称空间中预定义的类型。一个简单类型和它化名的结构类型是完全一样的。也就是说,写 int 和写 System.Int32 是一样的。简单类型关键字的首字符是小写,如 char,名称空间中的化名一般为大写,如 Char。关于类型符和名称空间的关系,在本学习情境中,读者可以先不必深究。

简单类型主要有整型、浮点型、小数型、布尔型和字符型等。

1. 数值数据类型

C#中有三种数值类型：整型、浮点型和小数型。其中整型 8 种：sbyte、byte、short、ushort、int、uint、long 和 ulong。浮点型有 2 种：float 和 double。float 精确到小数点后面 7 位，double 精确到小数点后面 15 位或 16 位。小数型 decimal 非常适用于金融和货币运算，精确到小数点后面 28 位。数值类型见表 1.3。

表 1.3

C#关键字	.NET CTS 类型名	描述	范围和精度
sbyte	System.SByte	8 位有符号整数类型	-128～127
byte	System.Byte	8 位无符号整数类型	0～255
short	System.Int16	16 位有符号整数类型	-32 768～32 767
ushort	System.UInt16	16 位无符号整数类型	0～65 535
int	System.Int32	32 位有符号整数类型	-2 147 483 648～2 147 483 647
uint	System.UInt32	32 位无符号整数类型	0～4 294 967 295
long	System.Int64	64 位有符号整数类型	-9 223 372 036 854 775 808～9 223 372 036 854 775 807
ulong	System.UInt64	64 位无符号整数类型	0～18 446 744 073 709 551 615
float	System.Single	32 位单精度浮点类型	$\pm 1.5 \times 10^{-45} \sim 3.4 \times 10^{38}$
double	System.Double	64 位双精度浮点类型	$\pm 5.0 \times 10^{-324} \sim 3.4 \times 10^{308}$
decimal	System.Decimal	128 位高精度十进制数类型	$\pm 1.0 \times 10^{-28} \sim 7.9 \times 10^{28}$

char 类型代表无符号的 16 位整数，其数值范围为 0～65 535。char 类型的可能值对应于统一字符编码标准（Unicode）的字符集，其赋值形式有三种：

```
char chsomechar = 'A';
char chsomechar = '\x0065';        //十六进制
char chsomechar = '\u0065';        //Unicode 表示法
```

char 类型与其他整数类型相比，有以下两点不同之处：

①没有其他类型到 char 类型的隐式转换，即使是对于 sbyte、byte 和 ushort 这样能完全使用 char 类型代表其值的类型，sbyte、byte 和 ushort 到 char 的隐式转换也不存在。

②char 类型的常量必须写为字符形式，如果用整数形式，则必须带有类型转换前缀。比如（char）65，将整数 65 强制转换为字符型，即'A'。

2. 布尔型——值为 true 或 false

可能有些读者学过 C 或 C++，知道在它们的布尔类型中，非零的整数值可以代替 true。但 C#语言摒弃了这种做法，也就是说，在 C#语言中，bool 数据类型只能有 true（真）或 false（假）两种取值。整数类型和布尔类型不能进行转换操作。

布尔数据类型的声明格式如下：

布尔类型关键字　变量名

例如：

```
bool is_adult;
```

```
bool    inWord = true;
bool    canFly = false;
```

3. 类型转换

类型转换分为隐式类型转换和显式类型转换两种。

①隐式类型转换通过赋值实现。例如，将一个整型数值赋值给一个双精度类型变量：double d = 2;，赋值时，2 被隐式转换为 2.0 再存放到变量 d 中。

②显式类型转换也称为强制类型转换，用括号加类型名实现。例如：已有一个整型变量 int i;，要将双精度类型变量 myDouble 中的值转换为整数并存放到 i 中，表达式为：i = (int)myDouble;。

注意：强制类型转换可能丢失部分数据，所以进行强制类型转换时应细心慎重。

1.4 让程序为我们计算

1.4.1 程序描述

本程序通过一个基本的数据处理程序，定义若干个变量，进行算术、关系和逻辑运算，最后将运算结果输出到用户屏幕。

通过本程序，应学会：

①进行基本的算术、关系和逻辑运算；

②在程序中使用复杂的表达式。

1.4.2 代码实现及分析

由于本程序代码比较简明，不再一一详解，请读者自行通过注释理解。

```
1   using System;
2   namespace test1
3   {
4       class Program
5       {
6           static void Main(string[] args)
7           {
8               int a = 5 + 4;          //a = 9
9               int b = a * 2;          //b = 18
10              int c = b / 4;          //c = 4
11              Console.WriteLine("a = " + a + "  b = " + b + "  c = " + c);
12              int d = b - c;          //d = 14
13              int e = -d;             //e = -14
14              int f = e % 4;          //f = -2
```

```
15              Console.WriteLine("d = "+d+"  e = "+e+"  f = "+f);
16              double g = 18.4;
17              double h = g % 4;  //h = 2.4
18              Console.WriteLine("g = "+g+"  h = "+h);
19              int i = 3;
20              int j = i++;      //i = 4,j = 3
21              int k = ++i;      //i = 5,k = 5
22          Console.WriteLine("i = "+i+"  j = "+j+"  k = "+k);
23          Console.WriteLine("a > b is  "+(a > b));
24          Console.WriteLine("d == e is  "+(d == e));
25          Console.WriteLine("a <= b and j! = k  is   "+((a <= b)&&(j! = k)));
26          Console.ReadLine();
27          }
28      }
29  }
```

1.4.3 表达式和优先级

1. 算术运算符

算术运算符见表1.4。

表1.4

运算符	运算	表达式示例
+	加法	x + y
-	减法	x - y
%	求模	x % y
*	乘法	x * y
/	除法	x/y
+	一元加	+ x
-	一元减	- x
++	自增	x ++ ++ x
--	自减	x -- -- x

算术运算符"+"、"-"可以对整型、实数型、字符型和一些复杂数据类型操作,完成算术运算;"*"、"/"、"%"只能对数字进行操作,也就是只对整型、实数型有效。

注意:

①若两个操作数都是整数,则"/"运算符执行整数除法。即若相除有余数,系统自动对结果进行去尾取整处理,得到商的整数部分。

②"%"运算符执行求余运算,即将两数相除的余数部分作为运算结果。

C#对加号运算符进行了扩展,使它能够进行字符串的连接,如"abc"+"de",得到串"abcde"。这点在前面的知识点中已经讲过了。

③i++与++i的区别如下:

i++先将i作为表达式的值,再将i自增(相当于i=i+1)。如:

i=5;
j=i++;

i的值(5)先作为表达式i++的值赋值给j,再自身加1,执行完这两行代码后,j的值为5,i的值为6。

++i则是i的值先自增,再将自增后的值作为表达式的值。如:

i=5;
j=++i;

i先自增,再作为表达式++i的值赋值给j,执行完这两行代码后,i和j的值均为6。对i--与--i也是同样的道理。

2. 关系运算符

关系运算符用来比较两个值,结果为布尔型的值true或false。关系运算符都是二元运算符,见表1.5。

表1.5

关系运算符	类型测试关系	表达式示例
==	相等	x == y
!=	不相等	x != y
<	小于	x < y
>	大于	x > y
<=	小于或等于	x <= y
>=	大于或等于	x >= y
x is T	数据x是否属于类型T	x is int
x as T	返回转换类型T的x,如果转换不能进行,则返回null	X as object

①关系运算的结果返回true或false。

②关系运算符常与布尔逻辑运算符一起使用,作为流控制语句的判断条件。如:if(a>b && b==c),表示"如果a大于b并且b等于c",将在后面的章节中详细介绍。

3. 逻辑运算符

逻辑运算符见表1.6。

表1.6

逻辑运算符	运算
!	逻辑非
&&	逻辑与
||	逻辑或

①"&&"为二元运算符,实现"逻辑与"。从表1.6中可以看出,只有当两个操作数的值都为true时,运算结果才为true;只要有一个操作数的值为false,结果就为false。

②"‖"为二元运算符,实现"逻辑或"。从表1.6中可以看出,只有当两个操作数的值都为false时,运算结果才为false;只要有一个操作数的值为true,结果就为true。

③"!"为一元运算符,实现逻辑非。它将true变为false,将false变为true。

4. 运算符的优先级与结合性

运算符优先级的基本原则如下:

①初级运算符优先级最高,其中以括号"( )"为代表。

②一元高于二元、二元高于三元(赋值运算符除外,赋值优先级最低)。

③算术运算符高于关系运算符,关系运算符高于逻辑运算符。

当表达式中出现两个具有相同优先级的运算符时,它们根据结合性进行计算。左结合意味着运算符是从左到右进行运算的。右结合意味着运算是从右到左进行的,如赋值运算符,要等到其右边的计算出来之后,才把结果放到左边的变量中。

在写表达式的时候,如果无法确定操作符的有效顺序,则尽量采用括号来保证运算的顺序,这样也使程序一目了然,而且能使自己在编程时思路清晰。

● 实训1

1. 编写程序,输入两个实数x和y,输出 x×y-x/y。

2. 建立一个Windows应用程序,模拟学生管理系统登录窗体的功能。

3. 编写程序,将英里转换为公里(1英里=1.609 35公里)。从用户处读取浮点数表示英里数。

4. 从用户处读取一整数,编写表达式计算该数所表示年是否为闰年,计算结果输出true或false。

5. 从用户处读取一整数,将各个位上的数分别输出。如输入"3417",输出"3,4,1,7"。

第 2 章

流程控制语句

2.1 选择控制流程程序实例

2.1.1 程序描述

判断某年某月的天数：本程序从控制台接受用户输入的年份和月份，判断该年该月的天数并输出。该判断包括大、小月的判断和闰年的判断。

通过该实例，应学会：

①选择语句的实现。选择语句包括 if 语句和 switch 语句两种，它们能够根据实际情况选择要执行的代码。

②使用嵌套的 if 语句和 switch 语句。

2.1.2 代码实现及分析

```
1   using System;
2   namespace ConsoleApplication1
3   {
4       class Program
5       {
6           static void Main(string[]args)
7           {
8               int year,month,day = 0;
9               Console.WriteLine("请输入年份,回车确认:");
10              year = Int32.Parse(Console.ReadLine());
11              Console.WriteLine("请输入月份,回车确认:");
12              month = Int32.Parse(Console.ReadLine());
13              if( year < 0 || year >10000)
```

```
14              Console.WriteLine("您输入的年份不合理!!");
15          else if(month<=0 || month>12)
16              Console.WriteLine("您输入的月份不合理!!");
17          else
18          {
19              switch(month)
20              {
21                  case 1:
22                  case 3:
23                  case 5:
24                  case 7:
25                  case 8:
26                  case 10:
27                  case 12:day=31;break;
28                  case 4:
29                  case 6:
30                  case 9:
31                  case 11:day=30;break;
32                  case 2:
33                      if((year%400==0)||((year%4==0)&&(year%100!=0)))
34                          day=28;
35                      else
36                          day=29;
37              break;
38          }
39          Console.WriteLine("该月份的天数为{0}天",day);
40          }
41          Console.ReadKey();
42      }
43  }
44 }
```

代码分析：

9~12　从控制台请求用户输入年份和月份，并保存在整型变量 year 和 month 中。

14~16　判断用户输入的年月值是否合理，若不合理，给出提示信息。

17　这个 else 语句是嵌套的 if 语句的最后一个情况，也就是当年月的值都合理时，才能执行到这个 else 所带的语句块。

20~38　这是一个多分支的 switch 语句，通过判断 month 的值来确定该月是大月还是小月，大月是 31 天，小月是 30 天。2 月是个特殊情况，需要判断是否是闰年来决定是 28 天还是 29 天。将判断得到的天数存放到变量 day 中。

39　输出变量 day 的值。

41　该行用于让程序停住，等待用户输入任意键继续。也就是前面讲到过的，便于查看程序运行结果。

2.1.3　if 语句

条件选择语句用来判断所给定的条件是否满足，根据判断结果真（true）或假（false），决定执行一种选择。一般来说，判断条件以关系表达式或逻辑表达式的形式出现。

条件选择根据选择结构，主要分成单分支选择、双分支选择和嵌套选择。

单分支结构的语法如下：

```
    if(表达式)
        语句块一;
语句块二;
```

该结构先判断表达式的值，若表达式值为真，则执行语句块一；否则跳过语句块一，执行语句块二。程序流程图如图 2.1 所示。

在该结构中，语句块二是 if 单分支结构的后续语句，实际上无论表达式判断结构如何，语句块二都会被执行。

双分支结构的语法如下：

```
if(表达式)
   语句块一;
else
   语句块二;
```

该结构先判断表达式的值，若表达式值为真 true，则执行语句块一；否则（表达式的值为假 false）执行语句块二。程序流程图如图 2.2 所示。

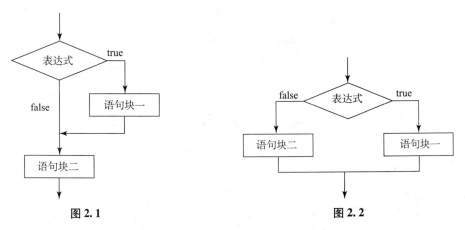

图 2.1　　　　　　　　　　　　　　图 2.2

2.1.4　嵌套的 if 语句

作为 if 语句执行结果的语句，可以是另外一个 if 语句。也就是说，上文中的"语句块一"、"语句块二"本身又可以是另一个 if 语句。这种情况称为嵌套的 if 语句。嵌套的 if 语句用来处理复杂的判断条件。

例如，以下代码段用来根据货品数量和规格修改库存。

```
1   if(number >0)
2       if(size ==7)
3           size7Num + =number;//size7Num 表示规格为 7 的货品的库存值
4       else
5           otherNum + =number;//otherNum 表示其他规格的货品的库存值
6   else
7       Console.WriteLine("已无库存!");
```

第 1 行和第 6 行是一对 if 语句。

第 2~5 行又是一对 if 语句，它们是第 1 行的 if 语句所嵌套的。当库存数量 number 大于 0 时，需要判断规格 size 是否等于 7，再做不同处理。

当程序逻辑中出现类似于此的复杂判断时，就需要根据实际情况进行嵌套。

2.1.5 switch 语句

switch 语句是一种多分支语句。在嵌套使用 if 语句时，所有 if 语句看起来都非常相似，因为它们都在对一个完全相同的表达式进行求值。当每个 if 语句都将表达式的结果与一个不同的值进行比较时，通常可将嵌套的 if 语句改写为一个 switch 语句，这样会使程序更有效，更易懂。例如：

```
if(day ==0)
    dayName ="Sunday";
else if(day ==1)
    dayName ="Monday";
else if(day ==2)
    dayName ="Tuesday";
else if(day ==3)
    ...
else
    dayName ="Unknown";
```

以上代码块中，判断条件都很类似：day ==0、day ==1、day ==2、day ==3 等，可以将其改写成以下代码：

```
switch(day)
{
case 0:dayName ="Sunday";break;
case 1:dayName ="Monday";break;
case 2:dayName ="Tuesday";break;
```

```
case 3:dayName = "Tuesday";break;
...
default:dayName = "Unknown";break;
}
```

显然，switch 语句在处理这类问题时更为方便。

switch 语句的语法形式如下：

```
switch(表达式)
{
    case 常量表达式 1:语句;break;
    case 常量表达式 2:语句;break;
    case 常量表达式 3:语句;break;
    ...
    case 常量表达式 n:语句;break;
    default:语句;break;
}
```

其语义为：计算表达式的值，从表达式值等于某常量表达式值的 case 开始，它下方的所有语句都会一直运行，直到遇到一个 break 为止。随后，switch 语句将结束，忽略其他 case，程序从 switch 结束大括号之后的第一个语句继续执行。

使用 switch 语句的注意事项：

①case 标签和后续语句之间用冒号"："隔开。

②在 C#中，各个 case 语句和 default 语句的次序可以打乱，并不影响执行结果。

③只能针对基本数据类型使用 switch，这些类型包括 int 和 string 等。对于其他类型，则必须使用 if 语句。

④case 标签必须是常量表达式，如 42 或者"42"。如果需要在运行时计算 case 标签的值，则必须使用 if 语句。

⑤case 标签必须是唯一性的表达式。也就是说，不允许两个 case 具有相同的值。

⑥可以连续写下一系列 case 标签（中间不能间插额外的语句），从而指定希望在多种情况下都运行相同的语句。如果这样写，那么最后一个 case 标签之后的代码将适用于该系列的所有 case。

⑦对于有关联语句的 case 标签，语句结束后必须有 break 语句，否则编译器会报错。错误说明通常为"控制不能从一个 case 标签（'case…:'）贯穿到另一个 case 标签"，如图 2.3 所示。

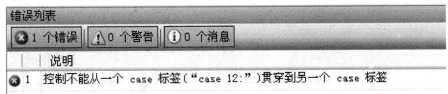

图 2.3

2.2 while 循环程序实例

2.2.1 程序描述

名片夹：本例实现一个控制台名片夹。该程序运行时，在用户屏幕上显示一列可供选择的选项，用户通过键盘输入选择不同的字符以选择进入对应的子功能。除此之外，该程序还用循环语句实现用户的重复选择。

通过本程序，应当掌握：

①循环语句 while、do – while 的使用。循环语句允许多次重复执行一行或一段代码。

②跳转语句 break、continue、goto、return 的使用。跳转语句允许在程序中进行跳转，增加程序的灵活性。

2.2.2 代码实现及分析

```
1   using System;
2   namespace ConsoleApplication2
3   {
4     class Program
5     {
6       static void Main(string[ ]args)
7       {
8         string myChoice;
9         do{
10          Console.WriteLine("My Address Book \n");
11          Console.WriteLine("A -- Add New Address");
12          Console.WriteLine("D -- Delete Address");
13          Console.WriteLine("M -- Modify Address");
14          Console.WriteLine("V -- View Addresses");
15          Console.WriteLine("Q -- Quit \n");
16          Console.WriteLine("Choice(A,D,M,V,orQ):");
17          myChoice = Console.ReadLine();
18          switch(myChoice)
19          {
20            case"A":
21            case"a":
22              Console.WriteLine("You wish to add an address. ");
23              //此处可以加入"添加地址"的代码方法函数
24              break;
```

```
25          case"D":
26          case"d":
27            Console.WriteLine("You wish to delete an address.")
28            //此处可以加入"删除地址"的代码方法函数
29            break;
30          case"M":
31          case"m":
32            Console.WriteLine("You wish to modify an address.");
33            //此处可以加入"修改地址"的代码方法函数
34            break;
35          case"V":
36          case"v":
37       Console.WriteLine("You wish to view the address list.");
38       //此处可以加入"查看地址列表"的代码方法函数
39       break;
40          case"Q":
41          case"q":
42       Console.WriteLine("Bye.");break;
43       default:
44       Console.WriteLine("{0}is not a valid choice",myChoice);
45        break;
46          }
47            Console.Write("Press any key to continue...");
48            Console.ReadLine();
49       }while(myChoice!="Q"&&myChoice!="q");
50      }
51    }
52  }
```

代码分析:

8　定义一个字符串类型的变量 myChoice，用于保存用户输入的选项。

9　从 do - while 语句的开始到45行，是循环体。表示只要45行的 while 语句所带的表达式为真，就始终执行循环体。

10～16　打印可选项。

17　保存用户的选项。将用户的选项保存在变量 myChoice 中。

20～42　根据用户输入的选项，选择不同的 case 语句来执行不同选项对应的代码块。可以将代码块写成方法放在另一个类中。

43～46　对用户的非法输入进行处理。

48　退出前停留在用户屏幕，以便用户查看运行结果。

49　若用户没有退出，则继续请求输入。程序将回到第10行再次执行。

2.2.3 while 语句

while 语句可以在一个布尔表达式为 true 的前提下重复运行一个语句块。其语法如下:

```
while(布尔表达式)
语句块;
```

while 语句先判断布尔表达式的值,若表达式的值为真,则执行循环体语句。执行完循环体语句后回到表达式继续判断,直到表达式的值为假(false),跳过循环体,结束 while 循环。流程图如图 2.4 所示。

例如,以下代码计算 x 的阶乘,将结果保存在变量 y 中。

```
y = 1;
while(x! = 0)
{
    y* = x;
    x -- ;
}
```

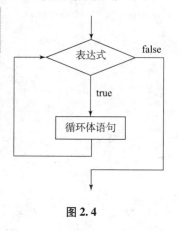

图 2.4

2.2.4 do – while 语句

do – while 语句与 while 语句不同的是,它将内嵌语句执行至少一次。其语法如下:

```
    do
{
    语句块;
}
while(布尔表达式);
```

do – while 语句先执行内嵌语句块一遍,然后计算布尔表达式的值,若为真(true),则回到 do 继续执行;为 false,则终止 do 循环。语句流程图如图 2.5 所示。

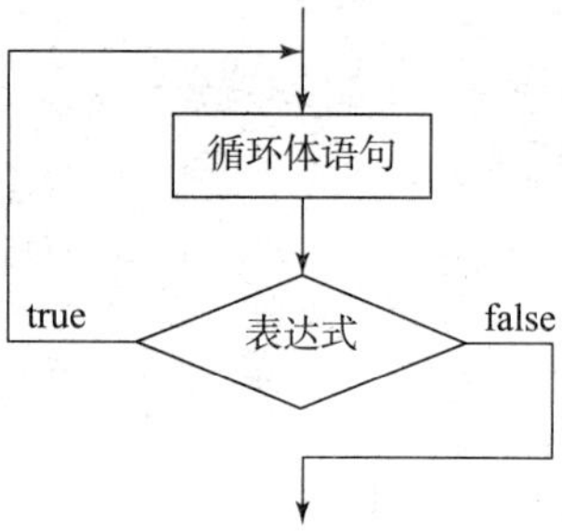

图 2.5

例如,计算 x 的阶乘,写成 do – while 循环,其语法如下:

```
long y = 1;
do
{
    y* = x;
    x -- ;
}
while(x > 0)
```

2.2.5 跳转语句：break、continue、goto

及时有效的跳转有助于提升程序的执行效率。

1. break

break 语句用于终止最近的封闭循环或它所在的 switch 语句，控制传递给终止语句后面的语句（如果有的话）。

①break 语句只能用在 switch 语句或循环语句中，其作用是跳出 switch 语句或跳出本层循环，转去执行后面的程序。由于 break 语句的转移方向是明确的，所以不需要语句标号与之配合。

②break 语句的一般形式如下：

```
break;
```

③使用 break 语句可以使循环语句有多个出口，在一些场合下使编程更加灵活、方便。例如：

```
for(i=1;i<=5;i++)
{
    if(i==3)
        break;
    Console.Write(i);
}
```

当 i 等于 3 时，控制跳出 for 循环中 break 后面的语句，所以，该语句段的执行结果为：

```
12
```

2. continue

continue 语句将控制权传递给它所在的封闭迭代语句的下一次迭代。

①continue 语句只能用在循环体中，其一般格式如下：

```
continue;
```

其语义是：结束本次循环，即不再执行循环体中 continue 语句之后的语句，转入下一次循环条件的判断与执行。

②语句只结束本层本次的循环，并不跳出循环。例如：

```
for(i=1;i<=5;i++)
{
    if(i==3)
        continue;
    Console.Write(i);
}
```

当 i=3 时，控制跳过 for 循环中 continue 后面的语句，所以，该语句段的执行结果为：

```
1245
```

3. goto

goto 语句将程序控制直接传递给标记语句。

①goto 的一个通常用法是将控制传递给特定的 switch – case 标签或 switch 语句中的默认标签。其一般格式如下：

```
goto   语句标号;
```

其中语句标号是按标识符规定书写的符号，放在某一语句行的前面，标号后加冒号（:）。语句标号起标识语句的作用，与 goto 语句配合使用，如：

```
label: i ++;
 loop: while(x < 7);
```

②goto 语句还用于跳出深嵌套循环。

C#语言不限制程序中使用标号的次数，但规定各标号不得重名。goto 语句的语义是改变程序流向，转去执行语句标号所标识的语句。

goto 语句通常与条件语句配合使用，可用来实现条件转移、构成循环、跳出循环体等功能。但是，在结构化程序设计中一般不主张使用 goto 语句，以免造成程序流程的混乱，给理解和调试程序带来困难。

2.3　for 循环程序实例

2.3.1　程序描述

用"*"输出各种大小的菱形：本任务通过两个嵌套的 for 循环，在用户屏幕上输出一个由"*"号和空格组成的菱形，菱形大小由定义的符号常量控制。

通过本程序，应学会：
①for 循环的简单应用；
②使用嵌套的 for 循环处理复杂的情况。

2.3.2　代码实现及分析

```
1    using System;
2    namespace Diamond
3    {
4      class Program
5      {
6        static void Main(string[ ]args)
7        {
8          const int MAX_ROWS = 8;
9          int row,star;
10         for(row = 1;row <= MAX_ROWS;row ++)
11         {
12           for(int i = 0;i <= (MAX_ROWS - row);i ++)
```

```
13                    Console.Write(" ");
14                for(star=1;star<=row;star++)
15                    Console.Write("* ");
16                Console.WriteLine();
17            }
18            for(row=MAX_ROWS-1;row>=1;row--)
19            {
20                for(int i=0;i<=(MAX_ROWS-row);i++)
21                    Console.Write(" ");
22                for(star=1;star<=row;star++)
23                    Console.Write("* ");
24                Console.WriteLine();
25            }
26            Console.Read();
27        }
28    }
29 }
```

运行结果如图 2.6 所示。

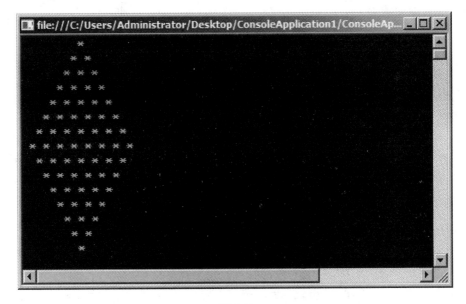

图 2.6

代码分析：

8　　定义符号常量 MAX_ROWS，用来控制菱形的大小。这里 MAX_ROWS 的值为 8，表示菱形的上三角有 8 行。如果需要改变菱形的大小，只需修改 MAX_ROWS 的值即可。

10~17　　设计菱形的上三角。外层 for 循环每循环一次，完成菱形的一行的绘制。

12~13　　该循环控制每行的空格数。越靠上的行空格越多。

14~15 该循环控制每行"*"的数量。本例中输出的菱形上三角中，第 n 行的星号数量为 n 个。所以，为了对齐，输出星号时实际上输出的是星号和空格（"* "）。

注意：不输出空格也可以输出完整的菱形，请读者自行完成。

16 换行输出。

18~25 输出下三角。算法和上三角一样，只是个数控制上有所区别。

2.3.3 for 语句

for 语句的一般形式为：

```
for(式1;式2;式3)
```

for 语句的语义为：

① 计算表达式 1 的值。

② 计算表达式 2 的值，若值为真（非 0），则执行循环体一次，否则跳出循环。

③ 计算表达式 3 的值，转回第②步重复执行。

注意：在整个 for 循环过程中，表达式 1 只计算一次，表达式 2 和表达式 3 则可能计算多次。循环体可能多次执行，也可能一次都不执行。

语句流程图如图 2.7 所示。

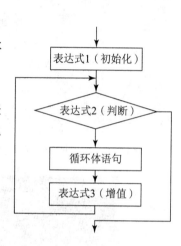

图 2.7

2.3.4 嵌套的 for 循环

循环体里面也可以有循环，这就是所谓的循环嵌套。内部循环在外部循环体中。在外部循环的每次执行过程中，都会触发内部循环，直到内部循环执行结束。外部循环执行了多少次，内部循环就完成多少次。当然，无论是内部循环还是外部循环的 break 语句，都会打断处理过程。循环嵌套可以解决很多问题，经常被用于按行、列方式输出数据。例如，以下程序段用于输出九九乘法表：

```
int i,j;
    for(i=1;i<=9;++i)                    //外循环控制输出多少行
    {
        for(j=1;j<=i;++j)                //内循环控制输出多少列
        {
            Console.Write("{0}",i* j);   //输出乘积
        }
        Console.WriteLine();             //换行
    }
```

2.4 for 循环语句在数组上的应用

2.4.1 程序描述

本任务为冒泡排序算法，通过嵌套的 for 循环实现。该算法通过两两比较，每次循环都将最小的数"冒"到顶端。若共有 n 个数，则通过 n-1 次循环即可完成递增排序。

2.4.2 代码实现及分析

```
1  using System;
2  namespace ConsoleApplication1
3  {
4    class Program
5    {
6      static void Main(string[]args)
7      {
8        int[]Array={3,27,1,99,36,52,1,77,9,7};
9        for(int i=0;i<Array.Length;i++)
10       {
11         for(int j=i+1;j<Array.Length;j++)
12         {
13           if(Array[i]>Array[j])
14           {
15             int temp=Array[i];
16             Array[i]=Array[j];
17             Array[j]=temp;
18           }
19         }
20       }
21       foreach(int k in Array)
22       {
23         Console.WriteLine(k);
24       }
25       Console.Read();
26     }
27   }
28  }
```

代码分析：

8　定义并初始化一个10个元素的一维整型数组。

9～20　外重for循环，从数组的第一个元素循环到最后一个。

11～19　内嵌的for循环，从外重for循环当前所在的数组元素循环到数组的最后一个元素。

外重循环第一次时，将数组的第一个元素与其他元素比较大小，若第一个元素比后面的元素大，则交换它们的位置。这样一次循环下来，最小的元素就"浮"到第一个上面了。依此类推，第n次外重循环就将剩下元素的最小值"浮"到第n个位置上。

21～24　用一个foreach函数循环输出排序后的数组元素。

2.4.3　C#的数组

1. 一维数组

一维数组以线性方式存储固定数目的项，只需一个索引值即可标识任意一个项。在C#中，数组声明中的方括号必须跟在数据类型后面，且不能放在变量名称之后，而这在许多其他语言中是允许的。例如，整型数组应使用以下语法声明：

```
int[ ]arr1;
```

下面的声明在C#中无效：

```
int arr2[ ];
```

声明数组后，可以使用new关键字设置其大小。下面的代码声明数组引用：

```
int[ ]arr;
arr = new int[5];   //声明一个5元素整型数组
```

然后，可以使用"数组名[索引值]"访问一维数组中的元素。C#数组索引是从0开始的。也就是说，第一个元素是"数组名[0]"。下面的代码访问上面数组中的最后一个元素：

```
Console.WriteLine(arr[4]);//输出第5个元素
```

2. 一维数组的初始化

C#数组元素可以在创建时进行初始化：

```
int[ ]arr2;
arr2 = new int[5]{1,2,3,4,5};
```

初始值设定项的数目必须与数组大小完全匹配。可以使用此功能在同一行中声明并初始化C#数组：

```
int[ ]arr1Line = {1,2,3,4,5};
```

此语法创建一个数组，其大小等于初始值设定项的数目。

在C#中，初始化数组的另一个方法是使用for循环。下面的循环将数组的每个元素都设置为0：

```
for(int i =0;i<TaxRates.Length;i ++)
{
```

```
        arr2[i]=0;
}
```

3. 多维数组

可以使用C#创建规则的多维数组（数组的数组），多维数组类似于同类型值的矩阵。使用以下语法声明多维矩形数组：

```
int[,]arr2D;      //二维数组
float[,,,]arr4D;  //四维数组
```

声明之后，可以按如下方式为数组分配内存：

```
arr2D=new int[8,6];    //声明一个8行6列的二维数组
```

然后，可以使用以下语法访问数组的元素：

```
arr2D[4,2]=906;
```

由于数组是从零开始的，因此此行将第5行第3列中的元素设置为906。

4. 二维数组初始化

可以使用以下几种方法之一在同一个语句中创建、设置并初始化多维数组：

```
int[,]arr4=new int[2,3]{{1,2,3},{4,5,6}};
int[,]arr5=new int[,]{{1,2,3},{4,5,6}};
int[,]arr6={{1,2,3},{4,5,6}};
```

2.4.4 foreach 语句

foreach 语句是在C#中新引入的，C 和 C++中没有这个语句，它表示收集一个集合中的各个元素，并针对各个元素执行内嵌语句。foreach 语句的格式为：

```
foreach(type identifier in collection)
    {…}
```

其中，类型（type）和标识符（identifier）用来声明循环变量，集合名称（collection）也可以是数组或是一个字符串。

foreach 每执行一次内嵌语句，循环变量就依次取 collection 中的一个元素代入其中。在这里，循环变量是一个只读型局部变量，试图改变它的值将引发编译时的错误。

假设 Array 是一个一维数组的名称，则将 Array 遍历一遍的 for 语句代码是：

```
for(int i=0;i<Array.Length;i++)
{
    Console.WriteLine(Array[i]);
}
```

如果用 foreach 语句，则跳过循环初始化，不必指定索引，只需知道集合的类型即可。例如，Array 是一个浮点型 float 的数组，则遍历代码如下：

```
foreach(float k in Array)
    {
```

```
        Console.WriteLine(k);
    }
```

2.4.5 调试：监视窗口

在第 1 章的调试部分学习了"局部变量窗口"，它列出了当前执行的方法的所有变量。如果有很多变量，则这个变量列表将会很长，这为查找某个特定变量造成不便。

"监视窗口"为观察特定变量提供了便利。

在程序暂停后，在局部变量窗口中右击变量名，选择"添加监视"，将变量加入到"监视窗口"中。在"监视窗口"中，可以像在"局部变量窗口"中一样进行修改。也就是说，除了可以选择特定的变量来观察外，"监视窗口"和"局部变量窗口"是一样的。

要从"监视窗口"中移除一个变量，可以右击变量所在行的任何地方，选择"删除监视"。要删除所有变量，可以右击窗口，选择"全选"，然后再右击，选择"删除监视"或按 Delete 键。

● 实训 2

1. 输入三角形的三条边 a、b、c，求该三角形的面积。
2. 任意输入一串字符，将其中的小写字母转换成大写字母（其他字符不变），并记录小写字母的个数。
3. 输出 9×9 乘法口诀表。
4. 输入 n 个数，求数中的最大值、最小值及它们的平均值。

第3章

C#面向对象编程基础

3.1 学会使用已有资源

3.1.1 程序描述

本程序通过一个控制台应用程序，演示了C#.NET框架类中的几个常用的类，包括System.String、System.StringBuilder、System.Math 和 System.Random 类。

3.1.2 代码实现及分析

```
1   using System;
2   using System.Text;
3   namespace useClassPro
4   {
5       class Program
6       {
7           static void Main(string[]args)
8           {
9               StringBuilder former = new StringBuilder("原始字符串为:");
10              StringBuilder total;
11              string mutation1,mutation2,mutation3;
12              int a,b,c;
13              double discriminant,root1,root2,test;
14              Console.WriteLine("原始字符串为:\"" + former + "\"");
15              Console.WriteLine("字符串长度为:" + former.Length);
16              total = former.Append("ax^2 +bx +c");
17              mutation1 = total.ToString().ToUpper();
```

```csharp
18          mutation2 = mutation1.Replace("X","y");
19          mutation3 = mutation2.Substring(7,9);
20          Console.WriteLine("连接后的字符串为:" + total);
21          Console.WriteLine("mutation1 -- 调用大写函数后:" + mutation1);
22          Console.WriteLine("mutation2 -- 调用替代函数将 X 替代为 y 后:" + mutation2);
23          Console.WriteLine("mutation3 -- mutation2 的子串:" + mutation3);
24          Console.WriteLine();
25          Console.WriteLine("请输入 x^2 的参数 A:");
26          a = int.Parse(Console.ReadLine());
27          Console.Write("请输入 x 的参数 B:");
28          b = int.Parse(Console.ReadLine());
29          Console.WriteLine("请输入方程的常数 C:");
30          c = int.Parse(Console.ReadLine());
31          discriminant = Math.Pow(b,2) - (4* a* c);
32          root1 = ((-1* b) + Math.Sqrt(discriminant))/(2* a);
33          root2 = ((-1* b) - Math.Sqrt(discriminant))/(2* a);
34          Console.WriteLine("Root1:" + root1);
35          Console.WriteLine("Root2:" + root2);
36          Console.WriteLine();
37          Console.WriteLine("让我们尝试随机生成方程:");
38          System.Random generator = new Random(DateTime.Now.Millisecond);
39          a = generator.Next(100) - 50;
40          b = generator.Next(35);
41          c = generator.Next();
42          Console.WriteLine("随机生成的方程是:" + a + "x^2 +" + b + "x +" + c);
43          Console.WriteLine();
44          test = generator.NextDouble();
45          Console.WriteLine("test:0.0 ~1.0:" + test);
46          test = generator.NextDouble()* 10;
47          Console.WriteLine("test:0.0 ~10.0:" + test);
48          Console.ReadLine();
49       }
50    }
51 }
```

代码分析：

2　该例中使用了 StringBuilder 类，由于该类在名称空间 System.text 中，因此 using 语句导入该名称空间。

9　新建 StringBuilder 类的实例对象 former，初始值为"原始字符串为："。

10　定义 StringBuilder 类的对象 total，未对其进行初始化。

11　定义 string 类型变量 3 个：mutation1、mutation2 和 mutation3，用于进行字符串数据的处理。

12　定义 int 类型变量 3 个：a、b、c，用于进行整数数据的处理。

13　定义 double 类型变量 3 个：root1、root2、test，用于进行小数数据的处理。

14~15　输出 StringBuilder 的实例对象 former 的内容和长度。

16　在 StringBuilder 的实例 former 的末尾连接上字符串"ax^2 + bx + c"，将连接后的字符串赋值到 StringBuilder 的实例对象 total 中。

17　将 StringBuilder 的实例 total 通过 ToString() 方法转换为字符串，通过 ToUpper() 方法转换为大写，并赋值到字符串变量 mutation1 中。

18　将字符串变量 mutation1 中的 X 替换为 y，并将替换后的结果赋值到字符串变量 mutation2 中。

19　取字符串变量 mutation2 中从第 7 个字符开始的 9 个字符，作为子串赋值到字符串变量 mutation3 中。

注意：字符串的索引是从 0 开始的，所以第 1 个字符的索引是 0，第 8 个字符的索引是 7。

20~24　将处理后的数值输出。

25~30　在用户屏幕上输入 3 个整数，每个数以一个回车结束。这 3 个数值被赋值到 a、b、c 3 个变量中。

注意：ReadLine() 函数接收以回车结束的一行数据。

31~33　用来求方程的根。

31　求判别式"b^2 - 4ac"的值，这里用到数学函数 Math.Pow(b,2)，表示 b 的平方。Pow 函数用来求数的 n 次方。

32~33　用公式求方程的两个根。数学函数 Math.Sqrt() 用来求函数所带参数的平方根。

38　生成随机类的实例对象 generator，使用当前系统时间 DateTime.Now.Millisecond 作为种子值，这样可以增加随机性。

39　生成一个 -50~49 之间的随机数，赋值给 a。

40　生成一个 0~34 之间的随机数，赋值给 b。

41　生成一个整数 int 范围内的随机数，赋值给 c。

42　输出生成的随机方程。

44~47　生成随机小数，调整范围并输出。

3.1.3　.NET 框架类之 Math 类

C#标准类库的 System 命名空间中定义了大量的常用类。其中 Math 类中提供了大量的基本数学函数，用来帮助执行数学计算。该类主要为三角函数、对数函数和其他通用数学函数提供常数和静态方法。表3.1列出了Math类的一些方法和说明，由于数量较多、用法较简单，这里不一一详解。要查找如何使用每个方法的其他信息，可以搜索帮助文件的"Math Member"。

表 3.1

说明	方法
E	代表自然对数基（e），通过常量指定
PI	代表圆周率（π），圆周和直径的比，通过常量指定
Abs	返回指定数字的绝对值
Acos	为指定数字的角度返回余弦值
Asin	为指定数字的角度返回正弦值
Atan	为指定数字的角度返回正切值
Atan2	为两个指定数字的商的角度返回正切值
BigMul	生成两个32位数字的完整乘积
Ceiling	返回大于或等于指定数字的最小整数
Cos	返回指定角度的余弦值
Cosh	返回指定角度的双曲余弦值
DivRem	计算两个数字的商，并在输出参数中返回余数
Exp	返回e的指定次幂

Math类中的所有方法都是静态方法（static methods），也称为类方法（class methods）。静态方法可以通过定义它们的类名来触发，不需要首先实例化一个类的对象。

Math类的方法用于进行数学运算，它们的返回值就是运算结果，可以根据需要用于表达式。例如，下面语句计算变量price的绝对值，将它加上变量aigo的值的3次方，然后将结果存储到变量total中：

    total=Math.abs(price)+Math.pow(aigo,3);

3.1.4 .NET框架类之Random类

在编写实际应用软件时，经常需要用到随机数。如游戏中经常要用随机数来表示掷骰子和扑克发牌，网络考试系统中用随机数从题库中抽取考题，飞行模拟也可以使用随机数来模拟飞机引擎发生故障的概率等。

Random类是System命名空间的一部分，表示伪随机数生成器（pseudo random number generator）。它是一种能够产生满足某些随机性统计要求的数字序列的设备。随机数生成器从一个程序员指定的范围内提取一个值。由于这是用一种确定的数学算法选择的，是以相同的概率从一组有限的数字中选取的，因此所选数字并不具有完全的随机性。但是从实用的角度而言,其随机程度已足够了。

表 3.2 中列出了 Random 类的一些常用方法。其中,Next 方法用来产生随机整数。它可以不带参数,这样表示产生一个整个 int 范围内的随机值,包括负数。但是,实际问题中通常需要更具体的范围,可以使用带参数的 Next 方法返回一个从 0 到比给定参数(maxValue)小 1 的范围内的整数值。

表 3.2

方法	说明

构造函数:
public Random( );
public Random(int Seed);
	用于初始化 Random 类的一个新实例,如果有种子值(Seed),则使用指定的种子值
	建议:可以使用 DateTime. Now. millisecend 作为种子值,这是基于程序开始运行的时间的随机数

public virtual int Next(int maxValue);	返回一个比指定最大值 maxValue 小的非负的数
public virtual double NextDouble( );	返回一个 1.0~0.0 之间的随机数
protected virtual double Sample( );	返回一个 0.0~1.0 之间的随机数

例如,模拟筛子时,需要一个 1~6 之间的随机整数值,则可以调用 Next(6) 来得到一个 0~5 之间的随机数,然后加上 1,即 Next(6)+1。可以看出,传递给 Next 方法的值也就是可能得到的随机数的数量。可以根据实际情况增加或减去适当的数量来改变随机数范围。

同样的道理,NextDouble 方法返回的是 0.0~1.0 之间的浮点数。如果需要,可以通过乘法来调节结果。

3.1.5 .NET 框架类之 String 类

在学习情境一中,已经知道了 C#支持的基本数据类型。其中,有用来存放单个字符的 char 类型,它们用单引号表示。那么,由多个字符组成、用双引号表示的字符串该如何表示呢?在 C#中,string 作为一种内在的或者原始的数据类型来使用。它可以用简单的变量初始化来创建。

实际上,在 C#中也包含了一个名称为 String 的类,它是 string 关键字的一个别名,二者可以互换使用。在实例代码中使用关键字 string,但是如果在联机帮助文档中查找 string,则指向的是 String 类。这并不矛盾,因为在内部,C#将所有原始类型均表示为类,见表 3.3。

表 3.3

方法	说明
公共字段	
Empty	表示空字符串。此字段为只读
公共属性	
Length	获取此实例中的字符数

续表

方法	说明
公共方法	
Compare	比较两个指定的 String 对象
Concat	连接 String 的一个或多个实例，或是 Object 的一个或多个实例的值的 String 表示形式
Copy	创建一个与指定的 String 具有相同值的 String 的新实例
Equals	确定两个 String 对象是否具有相同的值
Format	将指定的 String 中的每个格式项替换为相应对象的值的文本等效项
IndexOf	报告 String 的一个或多个字符在此字符串中的第一个匹配项的索引
Insert	在此实例中的指定索引位置插入一个指定的 String 实例
Join	在指定 String 数组的每个元素之间串联指定的分隔符 String，从而产生单个串联的字符串
LastIndexOf	报告指定的 Unicode 字符或 String 在此实例中的最后一个匹配项的索引位置
PadLeft	右对齐此字符串中的字符，在左边用空格或指定的 Unicode 字符填充，以达到指定的总长度
PadRight	左对齐此字符串中的字符，在右边用空格或指定的 Unicode 字符填充，以达到指定的总长度
Remove	从此实例中删除指定个数的字符
Replace	将此实例中的指定 Unicode 字符或 String 的所有匹配项替换为其他指定的 Unicode 字符或 String
Split	返回包含此实例中的子字符串（由指定 Char 或 String 数组的元素分隔）的 String 数组
Substring	从此实例检索子字符串
ToLower	返回此 String 转换为小写形式的副本
ToString	将此实例的值转换为 String
ToUpper	返回此 String 转换为大写形式的副本
公共操作和索引	
==	如果运算符两边的字符串有相同的值（内容），则返回 true，反之，返回 false
!=	如果运算符两边的字符串有不同的值（内容），则返回 true，反之，返回 false
[ ]	返回指定索引（[ ] 中的数字）处的字符，索引从 0 开始

String 数据类型的基本操作：

```
string s1 = "orange";
string s2 = "red";
s1 + = s2;
System.Console.WriteLine(s1);          //输出"orangered"
```

```
s1 = s1.Substring(2,5);
System.Console.WriteLine(s1);            //输出"anger"
s1 = s1.ToUpper();
System.Console.WriteLine(s1);            //输出"ANGER"
```

在C#中，字符串对象是"不可变的"，任何对String的修改都会创建一个新String对象。在前面的示例中，语句"s1 + = s2;"将s1和s2的内容连接起来以构成一个字符串，"+ ="运算符会创建一个包含内容为"orangered"的新字符串，由s1引用。包含"orange"和"red"的两个字符串均保持不变，而原来由s1引用的包含"orange"的字符串仍然存在，但将不再被引用。同理，"s1 = s1.Substring(2,5);"、"s1 = s1.ToUpper();"也分别创建了新字符串给s1引用。当大量的类似字符串进行相加操作时，就会有很多字符串像s1一样不再被引用，从而造成内存资源的极大浪费。

在需要对字符串执行重复修改的情况下，例如，在一个循环中将许多字符串连接在一起时，使用String类，系统开销可能会非常大。如果要修改字符串而不创建新的对象，则C#中还有另外一种创建和使用字符串的格式，即System.Text.StringBuilder类。解决这种问题时，使用StringBuilder类可以提升性能。

StringBuilder类必须使用new运算符来创建对象。以下语句声明了一个StringBuilder类的对象MyStringBuilder，并将其初始化为"Hello World!"：

```
StringBuilder MyStringBuilder = new StringBuilder("Hello World!");
```

StringBuilder类支持很多和String类中一样的属性和方法，并且在很多情况下，它们在代码中的用法是类似的。

表3.4中列出了StringBuilder类的一些构造函数和常用成员。

表3.4

方法	说明
公共构造函数（public）	
StringBuilder()	构造默认容量的StringBuilder类的新实例
StringBuilder(Int32)	构造指定容量的StringBuilder类的新实例
StringBuilder(String)	使用指定的字符串初始化StringBuilder类的新实例
StringBuilder(Int32, Int32)	构造有指定容量并且可增长到指定最大容量的StringBuilder类的新实例
StringBuilder(String, Int32)	使用指定的字符串和容量初始化StringBuilder类的新实例
公共属性	
Capacity	获取或设置可包含在当前实例所分配的内存中的最大字符数
Length	获取或设置当前StringBuilder对象的长度
MaxCapacity	获取此实例的最大容量
公共方法	
Append	在此实例的结尾追加指定对象的字符串表示形式
AppendFormat	向此实例追加包含0个或更多格式规范的格式化字符串。每个格式规范由相应对象参数的字符串表示形式替换

续表

方法	说明
公共方法	
EnsureCapacity	确保 StringBuilder 的此实例的容量至少是指定值
Equals	返回一个值，该值指示此实例是否与指定的对象相等
GetType	获取当前实例的 Type（从 Object 继承）
Insert	将指定对象的字符串表示形式插入此实例中的指定字符位置
Remove	将指定范围的字符从此实例中移除
Replace	将此实例中所有的指定字符或字符串替换为其他的指定字符或字符串
ToString	将 StringBuilder 的值转换为 String
公共操作和索引	
[ ]	返回指定索引的字符，索引从 0 开始

String 和 StringBuilder 两种类型之间的转换方法如下：

要从一个 String 对象中得到一个 StringBuilder 对象，可使用 StringBuilder 类的构造函数 public StringBuilder(String);，要从 StringBuilder 对象中得到 String 对象，可使用 ToString 方法。演示如下：

```
StringBuilder myStringBuilder = new StringBuilder(myString);
String myString = myStringBuilder.ToString();
```

关于 new 运算符和构造函数等概念，将在下一个任务中详细介绍。

3.2 学生类的初步设计

3.2.1 程序描述

创建类及对象：本任务设计一个学生基本信息的实体类，并在 Windows 应用程序的窗体中调用该类。本任务在窗体类中创建并修改学生类实例对象的属性，通过学生类实例调用类中公共方法，最后将调用的结果显示在窗体的 label 控件上。运行结果如图 3.1 所示。

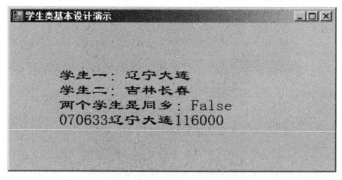

图 3.1

在已有项目中增加一个新类有两种方法。

①选择"项目"→"添加类"菜单项。选中后，Visual Studio 将显示"添加新项"对话框，并在模板中已选中"类"。

②右击解决方案，选择"添加"→"添加类"。和第①种方法一样，Visual Studio 将显示"添加新项"对话框。

输入类名"Student"后，单击"确定"，Visual Studio 增加一个新类并显示默认的代码。在该代码框架中添加所需代码后，学生信息实体类的基本设计就完成了。

3.2.2 代码实现及分析

```
1   using System;
2   /***********************************
3    * 类名:Student
4    * 创建日期:2014-10-25
5    * 功能描述:学生信息实体类
6    ***********************************/
7   namespace WindowsFormsApplication1
8   {
9       [Serializable]
10      public class Student
11      {
12          #region Private Members
13          protected int id;
14          protected int classID;
15          protected string studentNO = String.Empty;
16          protected string studentname = String.Empty;
17          protected string sex = String.Empty;
18          protected string address = String.Empty;
19          protected double postalCode;
20          #endregion
21          #region Public Properties
22          public int Id
23          {
24              get{return id;}
25          }
26          public int ClassID
27          {
28              get{return classID;}
29              set{classID = value;}
```

```csharp
30        }
31        public string StudentNO
32        {
33            get{return studentNO;}
34            set{studentNO = value;}
35        }
36        public string StudentName
37        {
38            get{return studentname;}
39            set{studentname = value;}
40        }
41        public string Sex
42        {
43            get{return sex;}
44            set{sex = value;}
45        }
46        public string Address
47        {
48            get{return address;}
49            set{address = value;}
50        }
51        public double PostalCode
52        {
53            get{return postalCode;}
54            set{postalCode = value;}
55        }
56        #endregion
57        public bool istownee(string s1,string s2)
58        {
59            return(s1 == s2);
60        }
61        public void editStu(string sNo,string sAdd,double sPC)
62        {
63            this.StudentNO = sNo;
64            this.address = sAdd;
65            this.postalCode = sPC;
66        }
67    }
68 }
```

代码分析:

12~20 定义了学生信息类的私有成员。

21~56 定义了该类的公有属性,并设置其访问器。可利用访问器来访问类的私有成员。其中,Id 是只读属性,因为它只有 get 访问器。

57~60 这是一个公有布尔类型的方法,含有两个字符串类型的参数。利用 return 语句返回(s1 == s2)的值。若两个字符串相等,则返回 true,否则返回 false。在该例中用来判断两个学生是否同乡。

61~66 这是一个公有无返回值(void)的函数,有 3 个参数。该函数用来编辑学生的学号、地址和邮编。由关键字 void 修饰的函数无须 return 语句。

本任务在窗体类 Form1 的载入事件中调用该学生类,代码如下:

```
1    private void Form1_Load(object sender,EventArgs e)
2    {
3        Student stu1 = new Student();
4        Student stu2 = new Student();
5        stu1.Address = "辽宁大连";
6        stu2.Address = "吉林长春";
7        label1.Text = "学生一:" + stu1.Address + "\n";
8        label1.Text + = "学生二:" + stu2.Address + "\n";
9        label1.Text + = "两个学生是同乡:";
10       label1.Text + = stu1.istownee(stu1.Address, stu2.Address).ToString();
11       label1.Text + = "\n";
12       stu2.editStu("070633","辽宁大连",116000);
13       label1.Text + = stu2.StudentNO + stu2.Address + stu2.PostalCode;
14   }
```

代码分析:

3~4 创建 Student 类的两个实例 stu1 和 stu2。

5~6 将两个实例的 Address 属性分别设置为"辽宁大连"和"吉林长春"。

7~13 将设置好的地址属性添加到文本标签 label 中。详解见下:

10 调用 istownee 函数返回一个布尔值,并将其转换为字符串类型显示。

12 调用 editStu 函数将 stu2 的学号、地址和邮编属性修改为给定的值:"070633","辽宁大连"和 116000。

13 将修改后的学号、地址和邮编属性添加到 label1 中显示出来。

3.2.3 方法的解析

1. 类和对象

在深入学习类之前,作为初学者,先分清类和对象的概念。类是一个抽象的概念,对象则是类的具体实例。

比如学生是一个类,张三、李四、王五都是对象;首都是一个类,北京、华盛顿、莫斯科都是对象;动画猫是一个类,Kitty、Garfield和Doraemon都是对象。类是抽象的概念,对象是真实的个体。可以说张三(对象)的体重是55 kg,而不能说学生(类)的体重是55 kg;可以说北京2008年举办了奥运会,而不能说首都在2008年举办了奥运会。

一般情况下,认为状态是描述具体对象而不是描述类的,行为是由具体对象发出的,而不是由类发出的。

现实生活中到处都是对象,一个学生、一辆汽车、一头大象,乃至一种语言、一种方法,都可以称为对象。

2. 学生类的组成部分

学生类由学生的数据声明和方法声明组成。数据声明表现为变量;方法则表现为给定名称的、具有特定功能的一组代码。在C#中,方法都是某个类的一部分。

当程序调用一个方法时,C#将控制流程传递给这个方法,按照流程一行一行地执行方法中的语句。方法执行完成后,控制流程返回程序调用方法的地方,继续原来的执行。

被触发的方法也称为被调方法(called method),触发它的方法称为主调方法(calling method)。如果它们在同一个类中,则调用只需要使用方法名;如果它们不在同一个类中,则要通过其他类的对象名来触发(静态方法可以通过类名或者对象名来访问)。

图3.2显示了方法调用时的执行流程。

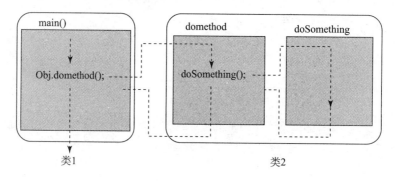

图3.2

3. return 语句

return 语句用在方法中。程序执行到 return 语句时,直接返回方法调用语句。

Return 语句有两种方式:无表达式的 return 语句,只能用在无返回值的成员中;带表达式的 return 语句,只能用在有返回值的函数成员中。

①如果是 void 方法,则可以使用无表达式的 return 语句,也可以省略。无表达式的 return 语句即 "return;",程序执行到 return 立即返回调用语句。如果省略 return 语句,则程序执行到方法的末尾才返回。

②对于有返回值的方法,return 语句后面可以是常量表达式,也可以是变量表达式,且必须和方法的返回类型是一致的,或者是可以直接隐式转换的。

4. 实例方法和静态方法

这里主要学习实例方法和静态方法。实例方法是较常见的方法,比如上个任务中,Random类和StringBuilder类中的绝大部分方法都是实例方法。实例方法必须先实例化对象,再用对象调用方法。静态方法也提到过 Math 类中的所有方法。静态方法使用类名调用。

实例方法的语法格式如下：

```
访问修饰符    返回类型    方法名(参数列表)
{
      //方法的主体……
   //由 return 语句返回
}
```

示例：实现两个整型的加法。

```
    class Add
    {
public int Sum(int para1,int para2)
    {
      return   para1 + para2;
}
    }
```

使用实例方法：

```
Add myAdd = new Add();              //实例化一个对象
int sum = myAdd.Sum(2,3);           //调用方法
```

使用 static 修饰的方法称为静态方法：

```
    class mySwap
{
    public static void Swap(int num1,int num2)
    {
        int temp;
        temp = num1;
num1 = num2;
        num2 = temp;
    }
}
```

静态方法使用类名调用：

```
    class Program
{
    static void Main(string[]args)
    {
       int num1 = 5,num2 = 10;
       mySwap.Swap(num1,num2);
    }
}
```

静态方法和实例方法的比较见表 3.5。

表 3.5

静态方法	实例方法
static 关键字	不需要 static 关键字
使用类名调用	使用实例对象调用
可以访问静态成员	可以直接访问静态成员
不可以直接访问实例成员	可以直接访问实例成员
不能直接调用实例方法	可以直接访问实例方法和静态方法
调用前初始化	实例化对象时初始化

5. 方法的重载

回想一下刚刚看过的程序片段：

```
public int Sum( int para1,int para2)
{
    return  para1 +para2;
}
```

该方法实现两个整数的相加。如果想让两个 string 型或两个 double 型相加，该怎么做？如果为 string、double，再各自写一个方法，那么在调用之前就要先清楚参数的类型。能不能不管参数是什么类型，都不影响函数的调用呢？这就要用到方法的重载。在同一个类中添加几个名字相同、参数与返回值不同的方法，比如：

```
public  string  Sum(string para1,  string para2)
{
    return para1 +para2;
}
public  double  Sum(double para1)
{
    return para1 +para1;
}
```

3.2.4 域和属性

为了保存类的实例的各种数据信息，C#提供了两种方法：域和属性。域（字段）和属性都可以从界面中添加。

1. 添加域

打开类视图，右击要添加域的类，在弹出的菜单中选择"添加"→"添加字段"命令。选择后，Visual Studio 弹出"添加字段"对话框。在对话框中可设置字段的访问、字段类型、字段名和字段修饰符等信息，还可以设置字段的注释说明文字。设置完成后，单击"完成"，类的代码中将被 Visual Studio 添加字段的声明语句。如：

```
protected int classID;
```

其中，字段的访问修饰符可以是以下几种：
- new
- public
- protected
- internal
- private
- static
- readonly

静态域的声明使用 static 修饰符，只读使用 readonly 修饰符，其他都是非静态域。声明成只读的字段和声明成 const 的效果是一样的。声明成只读字段的示例如下：

```
public static readonly double PI = 3.14159;
```

const 和 readonly 的区别在于：const 型表达式的值在编译时形成，而 static readonly 表达式的值直到程序运行时才形成。

2. 域（字段）的初始化

Visual Studio 为每个未经初始化的变量自动初始化为本身的默认值。对于所有引用类型的变量，默认值为 null。所有变量类型的默认值见表 3.6。

表 3.6

变量类型	默认值
char	\x0000
sbyte, byte, short, ushort, int, uint, long, ulong	0
decimal	0.0m
float	0.0f
double	0.0d
enum	0
struct	null
bool	false

3. 添加属性

在类视图中，右击要添加域的类，选择"添加"→"添加属性"命令，则弹出添加属性对话框。

和字段一样，新增属性也可以设置很多信息。其中，访问器一栏表示该属性在被外部访问时，是只能读取（获取）、只能写入（设置）还是可读取加写入。以下是 Visual Studio 自动生成的代码：

```
public int ClassID
{
    get{ }
    set{ }
}
```

属性的修饰符有以下几种：

- new
- public
- protected
- internal
- private
- static
- virtual
- sealed
- override
- abstract

其中，static、virtual、override 和 abstract 这几个修饰符不能同时使用。

事实上，C#中属性的概念是作为一个接口存在的，属性真正的值是存放在私有字段中的。接口的意思就如同看电视时用遥控器换频道，遥控器就是一个接口。也许变换频道也可以通过打开电视机后盖，直接操作里面的电路来实现，但通过遥控器来操作会更加安全、方便，因为遥控器控制了电视器件的可访问性，保护了内部数据的安全。

在意义上表达属性完整的代码其实比上面自动生成的代码多了一行，就是下面的第1行，那才是真正存放数据的私有字段。

```
private int age;          //年龄
public int Age
{
    get  {   return age;   }
    set
    {
        if(value > 0 && value < 150)
        //判断用户试图设置的数值是否合理。
        {
            age = value;
        }
        else
        {
            age = 0;
        }
    }
}
```

设置器中通过一个判断语句来考察用户设置的数值是否合理，以保护内部数据的安全，防止被不合理地修改。所以建议类内部敏感字段使用属性来控制访问。

在属性的访问声明中：

①只有 set 访问器表明属性的值只能进行设置而不能读出；

②只有 get 访问器表明属性的值是只读的，不能改写；

③同时具有 set 访问器和 get 访问器表明属性的值的读/写都是允许的。
添加方法和索引器的向导对话框一目了然，这里就不一一列举了。

3.3 学生类的进阶设计

3.3.1 程序描述

本程序是在 3.2 节的基础上再做进一步的设计，主要示范重构的构造函数。对于其他知识点，"封装"已经在上个程序的代码中体现出来，"继承"在知识点中有详细例程，请读者根据例子程序自行练习。重构的构造函数演示效果如图 3.3 所示。

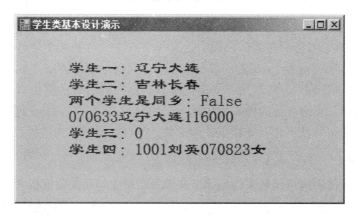

图 3.3

3.3.2 代码实现及分析展示

学生类中的代码框架和上个程序的相同，这里不再占用篇幅，只给出构造函数。

```
public Student()
{ }
public Student(int i,string s1,string s2,string s3)
{
    this.classID = i;
    this.studentNO = s1;
    this.studentname = s2;
    this.sex = s3;
}
```

这两个名字相同的函数是构造函数。第一个为成员变量分配内存空间，给出默认初值；第二个为新建的学生实例初始化基本信息：班级号、学号、姓名和性别。编译器会自动根据参数来选择不同的构造函数。

下面是使用不同构造函数实例化对象并显示在 label 控件上的代码：

```
    label1.Text + = "\n 学生三:";
    Student stu3 = new Student();
    Student stu4 = new Student(1001,"070823","刘英","女");
    label1.Text + = stu3.ClassID + stu3.StudentName + stu3.StudentNO + stu3.
Sex;
    label1.Text + = "\n 学生四:";
    label1.Text + = stu4.ClassID + stu4.StudentName + stu4.StudentNO + stu4.
Sex;
```

3.3.3 构造函数和析构函数

1. 构造函数

Visual Studio 在新建类时创建的代码中,有一个方法的名字和类名是一样的,这个特殊的方法称为构造方法(函数)。构造函数是对象实例化时触发的方法。如果没有为对象提供构造函数,则默认情况下 C#将创建一个构造函数,该构造函数实例化对象,并将所有成员变量设置为默认值。不带参数的构造函数称为"默认构造函数"。无论何时,只要使用 new 运算符实例化对象,并且不为 new 提供任何参数,就会调用默认构造函数,如:

```
Student scofield = new Student();
```

实际上,经常使用构造函数来初始化那些和每个对象均相关的成员变量,如:

```
    public Student()
    {
public Student(string name,int age,string hobby)
    {
      this.name = name;
      this.age = age;
      this.hobby = hobby;
    }
}
    Student  wu  =  new Student("吴双",20,"运动");
```

由此看出,构造函数也是可以重载的。

构造函数在两个方面不同于常规方法:

①构造函数与类同名。

②构造函数没有返回值类型。这与返回值类型为 void 的函数不同。程序员常犯的一个错误就是在构造函数的前面加上 void 返回类型。在构造函数前放任何返回类型,包括 void,都将被编译器理解为一个(碰巧)和类的名称相同的常规方法。这样,它就不能作为构造函数来触发,这有时会导致难以解释的错误信息。

2. 析构函数

析构函数用于析构类的实例。程序员无法控制何时调用析构函数,因为这是由垃圾回收器决定的。垃圾回收器检查是否存在应用程序不再使用的对象。如果垃圾回收器认为某个对象符合析构，则调用析构函数（如果有）并回收用来存储此对象的内存。程序退出时，也会调用析构函数。

关于析构函数，有以下几点注意事项：
①一个类只能有一个析构函数。
②无法继承或重载析构函数。
③无法调用析构函数。它们是被自动调用的。
④析构函数既没有修饰符，也没有参数。

3.3.4 封装（Encapsulation）

制造汽车的过程中什么人最厉害？当然不是焊钢板的人，也不是装轮胎的人，更不是拧螺丝的人，而是设计汽车的工程师，因为他知道汽车的运行原理。但是我们开车时，需要知道汽车的运行原理吗？显然不需要。汽车的运行原理已经被工程师封装在汽车内部，提供给司机的只是一个简单的使用接口，司机操纵转向盘和各种按钮就可以灵活自如地开动汽车了。

与制造汽车相似，面向对象技术把事物的状态和行为的实现细节封装在类中，形成一个可以重复使用的"零件"。类一旦被设计好，就可以像工业零件一样，被成千上万的对其内部原理毫不知情的程序员使用。类的设计者相当于汽车工程师，类的使用者相当于司机。这样程序员就可以充分利用他人已经编写好的"零件"，而将主要精力集中在自己的专注领域。

在C#中，使用修饰符来完成对象的封装。修饰符是C#的保留字，用于指定一种编程语言构造的特定特征。C#可以用不同方式使用一些修饰符，一些修饰符可以同时使用，而另一些组合是无效的。

可见性修饰符控制了对类成员的访问。如果一个成员有公有可见性（public），则它可以直接从对象外部引用；如果一个成员有私有可见性（private），则它可以在类定义的内部任何地方使用，但不能在外部引用。还有另外两种可见性修饰符是 protected 和 friend，它们只在继承的环境下使用，将在下一个知识点中对其进行讨论。

3.3.5 继承

类可以从其他类中继承。这是通过以下方式实现的：在声明类时，在类名称后放置一个冒号，然后在冒号后指定要从中继承的类（即基类），例如：

```
public class A
{
    public A(){}
}
public class B:A
{
```

```
public B(){}
}
```

上面的示例中,类 B 既是有效的 B,又是有效的 A。访问 B 对象时,可以使用强制转换操作将其转换为 A 对象。强制转换不会更改 B 对象,但 B 对象视图将限制为 A 的数据和行为。将 B 强制转换为 A 后,可以将该 A 重新强制转换为 B。并非 A 的所有实例都可强制转换为 B,只有实际上是 B 的实例的那些实例才可以强制转换为 B。如果将类 B 作为 B 类型访问,则可以同时获得类 A 和类 B 的数据和行为。

下面的示例创建三个类,这三个类构成了一个继承链。类 First 是基类,Second 是从 First 派生的,而 Third 是从 Second 派生的。这三个类都有析构函数。在 Main() 中,创建了派生程度最大的类的实例。

注意:程序运行时,这三个类的析构函数将自动被调用,并且是按照从派生程度最大到派生程度最小的次序调用。

```
class First
    {
        ~First()
        {
            System.Console.WriteLine("First's destructor is called");
        }
    }
class Second:First
    {
        ~Second()
        {
            System.Console.WriteLine(" Second ' s destructor is called");
        }
    }
class Third:Second
    {
        ~Third()
        {
            System.Console.WriteLine("Third's destructor is called");
        }
    }
class TestDestructors
    {
        static void Main()
        {
```

```
            Third t = new Third();
        }
    }
```

程序输出为:

```
Third's destructor is called
Second's destructor is called
First's destructor is called
```

实训 3

1. 定义一个"人"类,包含姓名、性别、年龄、身高、体重等数据域,并定义一个计算体重的方法(根据体重判断"正常"、"偏胖"、"偏瘦"),声明一组"居民"对象,最多可有 10 人,输入、输出居民信息。

2. 编写程序,创建并打印一个随机的 7 位电话号码。要求中间 3 位(3~5 位)不得大于 719。请自行考虑构造一个电话号码的最简单的方式。

3. 设计和实现一个类,类名为 Card,代表扑克牌,要求每个 Card 有花色和值。创建一个程序,发 5 张随机的牌。

4. 定义一个"学生"类,继承"人"类,并增加班级、总分数据域及判断是否合格的方法(合格的标准是年龄在 16~20 之间,总分大于 500)。

第 4 章 Windows 应用程序

Windows 窗体和控件是开发 C#应用程序的基础，窗体和控件在 C#程序设计中扮演着重要的角色。在 C#中，每个 Windows 窗体和控件都是对象，都是类的实例。窗体是可视化程序设计的基础界面，是其他对象的载体和容器。控件是添加到窗体对象上的对象，每个控件都有自己的属性、方法和事件以完成特定的功能。Windows 应用程序设计还体现了另外一种思维，即对事件的处理。对于一个程序开发人员而言，必须掌握每类控件的功能、用途，并掌握其常用的属性、事件和方法。

本章将介绍建立 Windows 应用程序，使用 Windows Forms 常用控件、菜单和多文档界面设计的方法等。同时向大家展示用 Windows 窗体来编写程序的特点以及技巧。

4.1 Windows 常用控件

4.1.1 窗体设计

1. 窗体（Form）

窗体是一个窗口或对话框，是存放各种控件（包括标签、文本框、命令按钮等）的容器，可用来向用户显示信息。

窗体就好像一个容器，其他界面元素都可以放置在窗体中。

C#中以类 Form 来封装窗体，一般来说，用户设计的窗体都是类 Form 的派生类，用户向窗体中添加其他界面元素的操作实际上就是向派生类中添加私有成员。

开发窗体应用程序的步骤：
①建立项目；
②界面设计；
③设置属性；
④编写代码；
⑤保存；
⑥程序运行与调试。

2. 窗体类型

在 C#中，窗体分为如下两种类型：

（1）普通窗体

也称为单文档窗体（SDI），前面所有创建的窗体均为普通窗体。普通窗体又分为如下两种：

①模式窗体。这类窗体在屏幕上显示后用户必须响应，只有在它关闭后，才能操作其他窗体或程序。

②无模式窗体。这类窗体在屏幕上显示后用户可以不必响应，可以随意切换到其他窗体或程序进行操作。通常情况下，当建立新的窗体时，都默认设置为无模式窗体。

（2）MDI 父窗体

即多文档窗体，其中可以放置普通子窗体。

3. 窗体的常见操作

（1）添加多窗体的方法

通常，在开发项目时，一个窗体往往不能满足，通常需要用到多个窗体。C#提供了多窗体处理能力，在一个项目中可创建多个窗体，添加新窗体的方式如下：

选择项目菜单下的"添加 Windows 窗体"命令，打开"添加新项"对话框，在"添加新项"对话框的模板框内，选择"Windows 窗体"模板，然后单击"打开"按钮，就添加一个新的 Windows 窗体。完成添加窗体后，在解决方案资源管理器窗口中双击对应的窗体，则在 Windows 窗体设计器中可显示该窗体。

（2）设置启动窗体的方法

当在应用程序中添加了多个窗体后，默认情况下，应用程序中的第一个窗体被自动指定为启动窗体。在应用程序开始运行时，此窗体就会首先显示出来。

如果想实现在应用程序启动时显示别的窗体，那么就要设置启动窗体。实现设置启动窗体的方法见例 4-1。

【例 4-1】 C#设置启动窗体。

步骤如下：

①在一个项目中，添加两个窗体。

②在解决方案中，有一个 Program.cs 文件，双击此文件，此时该文件的代码如下所示：

```
static class Program
{
    static voidMain()
    {
        Application.EnableVisualStyles();
        Application.SetCompatibleTextRenderingDefault(false);
        Application.Run(new Form1());
    }
}
```

③要实现先启动 Form2，只需在 Program.cs 文件中修改"Application.Run(new Form1());"代码为"Application.Run(new Form2());"即可。

④运行程序，先启动的窗体为 Form2。

(3) 窗体的显示与隐藏

窗体的显示：如果要在一个窗体中通过按钮打开另一个窗体，就必须通过调用 Show( ) 方法显示窗体。

窗体的隐藏：通过调用 Hide( ) 方法隐藏窗体。

【例 4 - 2】 在 Form1 窗体中添加一个 Button 按钮，在按钮的 Click 事件中调用 Show( )，打开 Form2 窗体。代码如下：

```
private void button1_Click(object sender,EventArgs e)
{
    Form2 frm2 = new Form2();          //实例化 Form2
    frm2.Show();                        //调用 Show 方法显示 Form2 窗体
```

(4) 窗体的常用属性

Text：设置窗口的标题。
Icon：窗体使用的图标。
Size：窗体的大小。
StartPosition：窗体启动时的位置。
MaximizeBox：是否有最大化按钮。
MinimizeBox：是否有最小化按钮。
BackColor：背景颜色。
BackgroundImage：背景图片。
FormBorderStyle：边界样式。
Opacity：不透明度。

(5) 属性的设置

在代码窗口中，语法为：

```
对象名.属性名 = 属性的值；
```

如：

```
this.Text = "C#";
```

在属性窗口中，直接设置。

(6) 窗体的方法

窗体名.Show( )　　　显示窗体。
窗体名.hide( )　　　隐藏窗体。
窗体名.Close( )　　　关闭窗体。

(7) 窗体的事件

Click　　　　　（单击）事件。
FormClosing　　（关闭）事件。
Load　　　　　（加载）事件：经常被用来放入一些控件初始化的代码。
activated　　　　窗体激活事件。

(8) 事件的操作方法

方法1：双击控件，打开其默认事件。
方法2：在属性窗口中选择事件后双击，打开指定事件。

【例4-3】 在下述程序的窗体的Load事件中对窗体的大小、标题、颜色等属性进行了设置。

```
private void Form1_Load(object sender,EventArgs e)
{
    this.Width =1000;
    this.Height =500;
    this.ForeColor =Color.Cyan;
    this.BackColor =Color.Red;
    this.Text ="Welcome you!";
}
```

【例4-4】 在窗体的Click事件中编写代码，实现当单击窗体时，弹出提示框。
代码如下：

```
private void Form1_Click(object sender,EventArgs e)
{
    MessageBox.Show("已经单击了窗体!");
//弹出提示框
```

程序的运行如图4.1所示。

图4.1

4. 扩展应用举例

【例4-5】 Load（加载）事件。

在项目中新建1个窗体form1，要求窗体加载时窗体的标题变为"窗体的加载事件"，并弹出对话框"是否查看窗体!"，如果单击了对话框的"是"，则显示form1。

```
private void Form1_Load(object sender,EventArgs e)
{
    this.Text ="窗体的加载事件";
    DialogResult dr =MessageBox.Show("是否查看窗体?"," 标题1"
                                  , MessageBoxButtons.YesNoCancel,
MessageBoxIcon.Question);
    if(dr ==DialogResult.Yes )
    this.Show();
}
```

运行结果如图4.2和图4.3所示。

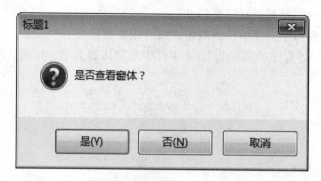

图 4.2

图 4.3

【例 4-6】 FormClosing（关闭）事件。

项目中有一个窗体 form1，当点"×"时弹出消息框，询问是否退出，如果单击"是"，则关闭该窗体，否则取消关闭操作，如图 4.4 所示。

图 4.4

代码如下：

```csharp
private void Form1_FormClosing(object sender,FormClosingEventArgs e)
    {
        DialogResult dr = MessageBox.Show("是否关闭窗体","提示",MessageBoxButtons.YesNo,MessageBoxIcon.Warning);
        if(dr == DialogResult.Yes)
        {
            this.Dispose();          //卸载窗体,注意不能用 this.close()
            e.Cancel = false;
        }
        else
            e.Cancel = true;         //Cancel 是指是否应取消事件的执行
    }
```

4.1.2 常用的控件设计

一、控件概述

控件是包含在窗体上的对象,是构成用户界面的基本元素,也是 C#可视化编程的重要工具。

工具箱中包含了建立应用程序的各种控件,根据控件的不同用途分为若干个选项卡,可根据用途单击相应的选项卡,将其展开,选择需要的控件。

大多数控件共有的基本属性如下:
①Name 属性;
②Text 属性;
③尺寸大小(Size)和位置(Location)属性;
④字体属性(Font);
⑤颜色属性(BackColor 和 ForeColor);
⑥可见(Visible)和有效(Enabled)属性。

二、标签控件(Label 控件)

标签(Label)主要用来显示文本。通常用标签来为其他控件显示说明信息、窗体的提示信息,或者用来显示处理结果等信息。但是,标签显示的文本不能被直接编辑。

除了显示文本外,标签还可使用 Image 属性显示图像,或使用 ImageIndex 和 ImageList 属性组合显示图像。

1. 常用属性

①Text 属性。该属性用于设定标签显示的文本,可通过 TextAlign 属性设置文本的对齐方式。

②BorderStyle 属性。该属性用于设定标签的边框形式,共有 3 个设定值,分别是 None、FixedSingle、Fixed3D。该属性的默认值为 None。

③BackColor 属性。用于设定标签的背景色。
④ForeColor 属性。用于设定标签中文本的颜色。
⑤Font 属性。用于设定标签中文本的字体、大小、粗体、斜体、删除线等。
⑥Image 属性。用于设定标签的背景图片,可通过 ImageAlign 属性设置图片的对齐方式。
⑦Enable 属性。用于设定控件是否可用,不可用,则用灰色表示。
⑧Visible 属性。用于设定控件是否可见,不可见,则隐藏。
⑨AutoSize 属性。用于设定控件是否根据文本自动调整,设置为 true 表示自动调整。
注意:上述的属性中,前 6 项为外观属性,而后 3 项为行为属性。

2. 响应的事件

标签控件常用的事件有 Click 事件和 DoubleClick 事件。

3. 标签控件的运用

【例 4-7】 对窗体上的 3 个标签控件的参数进行设置,用来显示文本。

程序代码如下:

```
private void Form1_Load(object sender,EventArgs e)
    {
        //label1 参数设置,默认字体为宋体 9 号、前景色为黑色
        this.label1.AutoSize = true;
        this.label1.BackColor = System.Drawing.Color.White;
        this.label1.Text = "宋体 9 号 - 白底 - 黑字";
        //label2 参数设置,默认字体为宋体 9 号、前景色为黑色
        this.label2.AutoSize = true;
        this.label2.BackColor = System.Drawing.Color.Black;
        this.label2.Font = new System.Drawing.Font("宋体",10.5F,
        System.Drawing.FontStyle.Regular,
        System.Drawing.GraphicsUnit.Point,((byte)(134)));
        this.label2.ForeColor = System.Drawing.Color.White;
        this.label2.Text = "宋体 10 号 - 黑底 - 白字";
        //label3 参数设置
        this.label3.AutoSize = true;
        this.label3.BackColor = System.Drawing.Color.Blue;
        this.label3.Font = new System.Drawing.Font("楷体_GB2312",14.25F,
        System.Drawing.FontStyle.Regular,
        System.Drawing.GraphicsUnit.Point,((byte)(134)));
        this.label3.ForeColor = System.Drawing.Color.Red;
        this.label3.Text = "楷体 14 号 - 蓝底 - 红字";
    }
```

程序运行结果如图 4.5 所示。

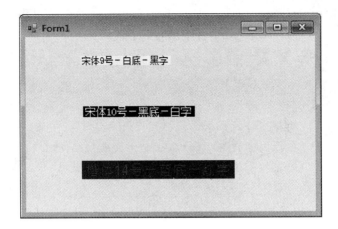

图 4.5

三、超链接标签控件（LinkLabel 控件）

用来显示文本尤其是超链接文本。它除了具有 Label 控件的所有属性、方法和事件外，还有针对超链接和链接颜色的属性及事件。

1. 常用属性

Linkarea：超链接的文本区域，该属性有两个值，分别为起始字符的位置和区域的长度。

Linkcolor：超链接未链接下的颜色。

Visitedlinkcolor：访问完毕后的颜色。

Activelinkcolor：单击时显示的超链接颜色。

LinkVisited：布尔值，指示链接是否显示为访问过的颜色。

2. 常用事件

Linkclicked：当单击控件内的链接文字时发生。

3. 超链接标签控件的应用

【例 4-8】 创建一个 Windows 窗体应用程序，其项目名为 ex4-08。在"资源管理器"中选中该项目，单击鼠标右键，选择"添加"→"Windows 窗体"菜单项，进入添加新项窗口，创建新窗体 Form2。然后在 form1 的 linkLabel1 的 LinkClicked 事件中填写代码。在 LinkClicked 事件处理中，调用 Show 方法打开刚刚建立的窗体，并将 linkLabel1.LinkVisited 属性设置为 True，观察窗体的变化。

代码如下：

```
private void linkLabel1_LinkClicked(object sender, LinkLabelLinkClickedEventArgs e)
{
    Form2 f2 = new Form2();
    f2.Text = "被链接的窗口";
    f2.Show();
    linkLabel1.LinkVisited = true;//表示已被链接过
}
```

【例4-9】 使用 LinkLabel 控件启动 Internet Explorer，并链接到 Web 网页。

在 linkLabel1 控件的 LinkClicked 事件中编写如下代码：

```
private void linkLabel1_LinkClicked_1(object sender,LinkLabelLinkClickedEventArgs e)
        {
                //调用 Process.Start 方法来通过一个 URL 打开默认的浏览器
                System.Diagnostics.Process.Start("http://www.baidu.com");
        }
```

其中，System.Diagnostics.Process.Start 方法以某个 URL 启动默认浏览器。

程序运行结果如图 4.6 所示。

图 4.6

四、按钮控件（Button 控件）

在窗体上创建一个按钮，允许用户通过单击它来完成指定的操作。每当用户单击按钮后，就会触发 Click 事件处理程序。单击 Button 控件后还会触发其他事件，如 MouseEnter、MouseDown 等，如果要为这些事件设置相关的事件处理程序，则要确保它们之间的操作不会有冲突。另外，按钮控件不支持双击事件。

1. 常用属性

Text：显示的文字。

Enabled：是否有效。

Image：图片。

Imagealign：图片的显示位置。

2. 常用事件

click：无双击事件。

3. 常用方法

focus()：得到焦点。

焦点是接收用户鼠标或键盘输入的能力。当对象具有焦点时，可接收用户的输入。

4. 按钮控件的应用

【例4-10】 单击 Button1，改变 Label1 的字体、颜色。

要求：创建一个 Windows 窗体应用程序，项目名称为 ex4-10，向窗体中添加一个 Button 控件和一个 Label 控件。在 Button1 的 Click 事件中编写如下代码：

```
private void button1_Click(object sender,EventArgs e)
    {
        label1.Text = "Button 单击事件修改 Label 属性";
        label1.Font = new Font("宋体",16,FontStyle.Bold);
        label1.ForeColor = Color.Red;
    }
```

程序运行结果如图 4.7 所示。

图 4.7

【例 4 – 11】 通过本例了解按钮的鼠标按下事件、单击事件、鼠标抬起事件,以及当用鼠标单击按钮时,这些事件依次发生的顺序。

代码如下:

```
private void Form1_Load(object sender,EventArgs e)
    {
        label1.Text = "";
    }

private void button1_Click(object sender,EventArgs e)
    {
        label1.Text + = "按钮的单击事件\n\n";
    }

private void button1_MouseDown(object sender,MouseEventArgs e)
    {
        label1.Text + = "按钮的鼠标键按下事件\n\n";
    }

private void button1_MouseUp(object sender,MouseEventArgs e)
    {
        label1.Text + = "按钮的鼠标键抬起事件\n\n";
    }
```

程序运行结果如图 4.8 所示。

图 4.8

五、文本框控件（TextBox 控件）

在 C#中，文本框（TextBox）是最常用的和最简单的文本显示和输入控件。文本框有两种用途：一是可以用来输出或显示文本信息；二是可以接受从键盘输入的信息。

1. 常用属性

Text：设定文本框显示的文本，可通过 TextAlign 属性设置文本的对齐方式。

BackColor：设定文本框的背景色。

ForeColor：设定文本框中文本的颜色。

Font：设定文本框中文本的字体、大小、粗体、斜体、删除线等。

Enable：设定文本框控件是否可用。若不可用，则用灰色表示。

Visible：设定文本框控件是否可见。若不可见，则隐藏。

Readonly：设置文本框只读。

Passwordchar：密码符号，保密作用。

Multiline：多行文本框，最多可输入 32 KB 的文本。

2. 常用事件

在文本框控件所能响应的事件中，TextChanged、Enter 和 Leave 是常用的事件。

（1）TextChanged 事件

当文本框的文本内容发生变化时，触发该事件。当向文本框输入信息时，每输入一个字符，就会引发一次 TextChanged 事件。

（2）Enter 事件

当文本框获得焦点时，就会引发的事件。

（3）Validating 事件

验证事件，当光标要离开文本框的时候发生，通常用作输入的合法性检查。该事件只有在文本框的 CausesValidation 属性为 true 时才发生。

3. 常用方法

①Clear 方法：用于清除文本框中已有的文本。

②AppendText 方法：用于文本框最后追加文本。

4. 文本框控件的应用

【例 4-12】 设计一登录窗体，用户名为 admin，密码为 123，如图 4.9 所示。

图 4.9

```
private void button1_Click(object sender,EventArgs e)
    {
        if(textBox1.Text =="admin" && textBox2.Text =="123")
        {
           MessageBox.Show("密码正确,欢迎您!");
           this.Hide();
           Form2 f2 = new Form2();
           f2.Show();
        }
        else
           MessageBox.Show("密码错误!");
    }

private void button2_Click(object sender,EventArgs e)
    {
        Application.Exit();
    }
```

【例 4-13】 验证用户在性别文本框中的输入，当输入值不为"男"或"女"时，要通过标签给出输错提示，如图 4.10 所示。

验证代码如下：

```
private void textBox1_Validating(object sender,CancelEventArgs e)
    {
        if(textBox1.Text!="男" && textBox1.Text!="女")
        {  label2.Visible = true;
```

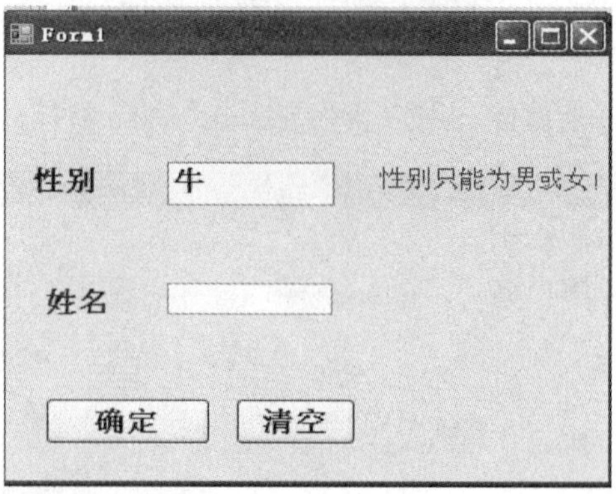

图 4.10

```
            label2.Text = "性别只能为男或女!";
            label2.ForeColor = Color.Red;
        }
    }
```

六、有格式文本控件（richtextbox）

用于显示、输入和操作带有格式的文本，除了 textbox 控件的所有功能外，还可以显示字体、颜色和链接。

1. 常用属性

Scollbars：设置滚动条。

Selectionfont：设置选中文本字体。

Selectioncolor：设置选中文本颜色。

2. Font：字体类

其构造函数为：

```
    public Font(FontFamily family,float emSize,FontStyle style)
```

其中：

family：字体名称，是字符型的。

emSize：字体的大小，是单精度类型的（以磅值为单位）。

Style：字体的样式，是 FontStyle 类型的枚举变量，它的成员如下：

①Bold，是否粗体，boolean 值。

②Italic，是否斜体，boolean 值。

③Strikeout，是否有删除线，boolean 值。

④Underline，是否有下划线，boolean 值。

例：

```
  textBox1.Font  = new Font("宋体",15,FontStyle.Bold  );
  textBox2.Font  = new Font("宋体",15,FontStyle.Bold |FontStyle.Italic |
FontStyle.Strikeout
```

|FontStyle.Underline);
//若去除上面 textBox2 的斜体,可采用以下方法
textBox2.Font = new Font("宋体",15,textBox2.Font.Style & ~ FontStyle.Italic   //& ~:删除样式

例:程序一运行,初始化文本框的字体为楷体,25 磅,既加粗又倾斜。

```
private void Form1_Load(object sender,EventArgs e)
{
    textBox1.Font = new Font("楷体_GB2312",25,FontStyle.Bold |FontStyle.Italic);
}
```

3. richtextbox 控件的应用

【例 4 – 14】 编程实现如下效果:选中 richtextbox 中的文本,单击"加粗"按钮,如果字体没加粗,则加粗之,否则取消加粗;斜体按钮同理。如图 4.11 所示。

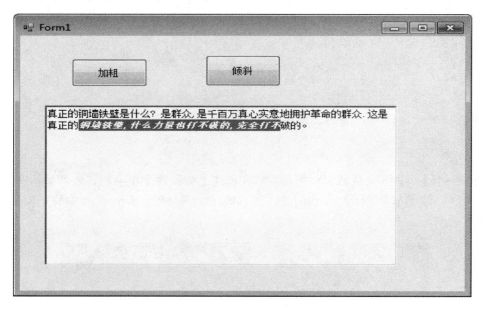

图 4.11

代码如下:

```
private void button1_Click(object sender,EventArgs e)
{
    Font oldfont;
    Font newfont;
    oldfont = richTextBox1.SelectionFont;
    if(oldfont.Bold)
```

```
            newfont = new Font(oldfont,oldfont.Style & ~FontStyle.
                Bold);
        else
            newfont = new Font(oldfont,oldfont.Style | FontStyle.
                Bold);
        richTextBox1.SelectionFont = newfont;
        richTextBox1.Focus();

    }

    private void button2_Click(object sender,EventArgs e)
    {
        Font oldfont;
        Font newfont;
        oldfont = richTextBox1.SelectionFont;
        if(oldfont.Italic)
            newfont = new Font(oldfont,oldfont.Style & ~FontStyle.
                Italic);
        else
             newfont = new Font(oldfont,oldfont.Style | FontStyle.
                Italic);
        richTextBox1.SelectionFont = newfont;
        richTextBox1.Focus();
    }
```

【例 4 – 15】 字体颜色和大小的设置。在窗体上放置两个组合框，分别显示字体颜色（红色、绿色、蓝色）和字体大小（16、24、32、48），实现对选中 richtextbox 中的文本的设置。效果如图 4.12 所示。

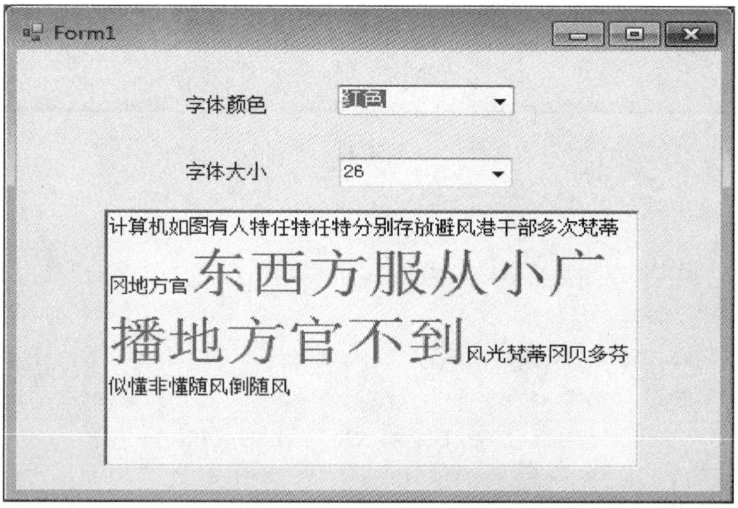

图 4.12

实现代码如下：

```csharp
private void comboBox1_SelectedIndexChanged(object sender,EventArgs e)
    {
        if(comboBox1.SelectedIndex==0)
            richTextBox1.SelectionColor=Color.Red;
        else if(comboBox1.SelectedIndex==1)
            richTextBox1.SelectionColor=Color.Green;
        else
            richTextBox1.SelectionColor=Color.Blue;
    }

private void   comboBox2_SelectedIndexChanged(object sender,EventArgs e)
    {
        Font newfont;
        Font oldfont;
        oldfont=richTextBox1.SelectionFont;
        string zitidaxiao=comboBox2.SelectedItem.ToString();
        double zd=Convert.ToDouble(zitidaxiao);
        float m=(float)zd;
        newfont=new Font(oldfont.FontFamily,m,oldfont.Style);
        this.richTextBox1.SelectionFont=newfont;
        this.richTextBox1.Focus();

    }
```

七、单选按钮控件（RadioButton 控件）

该控件为用户提供由两个或多个互斥选项组成的选项集。当用户选中某单选项按钮时，同一组中的其他单选项按钮不能同时选定，该控件以圆圈内加点的方式表示选中。

单选按钮用来让用户在一组相关的选项中选择一项，因此单选按钮控件总是成组出现。若要添加不同的组，必须将它们放到面板或分组框中。

将若干 RadionButton 控件放在一个 GroupBox 控件内组成一组时，当这一组中的某个单选按钮控件被选中时，该组中的其他单选控件将自动处于不被选中状态。

1. 常用属性

Text 属性：该属性用于设置单选按钮旁边的说明文字，以说明单选按钮的用途。该属性也可以包含访问键，即前面带有"&"符号的字母，这样用户就可以通过同时按 Alt 键和访问键来选中控件。

Checked 属性：表示单选按钮是否被选中，选中则 Checked 值为 True，否则为 False。

Appearance 属性：用来获取或设置单选按钮控件的外观。当值为 Appearance.Button 时，外观像命令按钮一样,当取值为 Appearance. Normal 时,就是默认的单选按钮的外观。

2. 常用事件

Click:当单击单选按钮时,将把单选按钮的 Checked 属性值设置为 true,便触发了 Click 事件。

CheckedChanged:当 Checked 属性值更改时,将触发 CheckedChanged 事件。这个事件有可能是鼠标单击的结果,也有可能是同组的其他按钮被选中而使其状态改变。

3. 单选按钮控件的应用

【例 4 – 16】 利用单选按钮选择设置标签文本字体。效果如图 4.13 和图 4.14 所示。

实现代码如下:

```
private void radioButton1_CheckedChanged(object sender,EventArgs e)
    {
        this.label1.Font = new System.Drawing.Font("黑体",16F);
    }

    private void radioButton2_CheckedChanged(object sender,EventArgs e)
    {
        this.label1.Font = new System.Drawing.Font("隶书",16F);
```

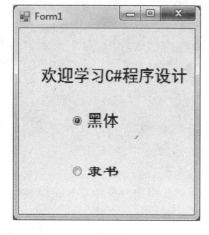

图 4.13

图 4.14

八、复选框控件 (CheckBox 控件)

它与单选按钮一样,也给用户提供一组选项供其选择。但与单选按钮不同的是,每个复选框都是一个单独的选项,用户既可以选择它,也可以不选择它,不存在互斥的问题,可以同时选择多项。

1. 常用属性

Text 属性:该属性用于设置复选框旁边的说明文字,以说明复选框的用途。

Checked 属性:表示复选框是否被选择。True 表示复选框被选择,False 表示复选框未被选择。

CheckState 属性：反映该复选框的状态，有以下 3 个可选值。

Checked：表示复选框当前被选中。

Unchecked：表示复选框当前未被选中。

Indeterminate：表示复选框当前状态未定，此时该复选框呈灰色。

2. 响应的事件

复选框响应的事件主要是 Click 事件、CheckedChanged 事件和 CheckStateChanged 事件。

当鼠标单击复选框时，触发 Click 事件，并且改变 Checked 属性值和 CheckState 属性值。Checked 属性值的改变，同时将触发 CheckedChanged 事件；CheckState 属性值的改变，同时将触发 CheckStateChanged 事件。

3. 复选框控件的应用

【例 4 – 17】 通过选择不同的复选框，实现输出选中的业余爱好。

设计界面如图 4.15 所示。要求编写"确定"按钮 btnOk 和"退出"按钮 btnExit 的代码。其中"确定"按钮功能为显示一个对话框，输出用户所填内容；"退出"按钮功能为结束程序。

图 4.15

主要实现代码如下：

```
//检查用户输入的姓名信息是否有效
private void txtName_Validating(object sender,CancelEventArgs e)
    {
        if(txtName.Text.Trim() == string.Empty)
        {
            MessageBox.Show("姓名为空,请重新输入!");
            txtName.Focus();
        }
    }
```

```csharp
//"退出"按钮事件代码
private void btnExit_Click(object sender,EventArgs e)
    {
        this.Close();
    }

//"确定"按钮事件代码
private void btnOK_Click(object sender,EventArgs e)
    {
        string strUser = string.Empty;
        strUser = "姓名:" + txtName.Text + "\n";
        strUser = strUser + "业余爱好:" + (chkMovie.Checked ? "电影":"") +
            (chkMusic.Checked ? "音乐 ":"") + (chkSport.Checked? "体育 ":"") + "\n";
        DialogResult result = MessageBox.Show(strUser,"信息确认",
                            MessageBoxButtons.OKCancel,Message-
                            BoxIcon.Information,
                            MessageBoxDefaultButton.Button1);
        if(result == DialogResult.OK)
        {
            txtName.Clear();
            chkMovie.Checked = false;
            chkMusic.Checked = false;
            chkSport.Checked = false;
        }
    }
```

结果如图 4.16 所示。

九、列表框控件（ListBox 控件）

提供一个项目列表，用户可以从中选择一项或多项。在列表框内的项目称为列表项，列表项的加入是按一定的顺序进行的，这个顺序号称为索引号。列表框内列表项的索引号是从 0 开始的，即第一个加入的列表项索引号为 0，其余索引项的索引号依此类推。

1. 常用属性

Items：列表框中所有数据项的集合，利用这个集合可以增加或删除数据项。

SelectedIndex：列表框中被选中项的索引（从 0 开始），当多项被选中时，表示第一个被选中的项。

SelectedIndices：列表框中所有被选中项的索引的集合（从 0 开始）。

SelectedItem：列表框中当前被选中的选项。当多个项被选中时，表示第一个被选中

图 4.16

的项。

　　SelectedItems：列表框中所有被选中的项的集合（不是索引号，而是数据项）。

　　SelectionMode：列表框的选择模式：None（无法选择项），One（只能选择一项），MultiSimple（可以选择多项），MultiExtened（可以选择多项，并且用户可使用 Shift 键、Ctrl 键及方向键来选择）。

　　MultiColumn：是否允许列表框以多列的形式显示。

　　Sorted：若为 True，则将列表框的所有选项按字母顺序排序；若为 False，则按加入的顺序排列。

2. 常用方法

（1）Items.Add 方法

Items.Add 方法的功能是把一个列表项加入列表框的底部。其一般格式如下：

```
Listname.Items.Add(Item)
```

　　其中，Listname 是列表控件的名称；Items 是要加入列表框的列表项，必须是一个字符串表达式。

（2）Items.Insert 方法

Items.Insert 方法的功能是把一个列表项插入列表框的指定位置。其一般格式如下：

```
Listname.Items.Insert(Index,列表项)
```

　　其中，Index 是新增列表项在列表框中的指定位置。Index 值为 0 时，表示列表项添加到列表框的第一个位置。

（3）Items.Remove 方法

Items.Remove 方法的功能是清除列表框中的指定列表项。其一般格式如下：

```
Listname.Items.Remove(Item)
```

（4）Items.Clear 方法

Items.Clear 方法的功能是清除列表框中的所有列表项。其一般格式如下：

```
Listname.Items.Clear()
```

3. 响应的事件

Click：单击列表框控件时发生。

SelectedIndexChanged：当用户改变列表中的选择时，将会触发此事件。

4. 列表框控件的应用

【例 4-18】 要求：程序一运行，列表框中从上到下依次为"北京"、"上海"、"沈阳"。单击"确定"按钮时，通过消息框显示最后一项。效果如图 4.17 所示。

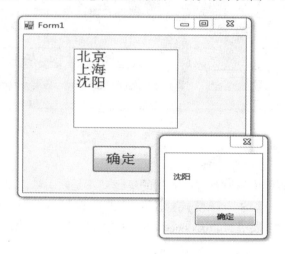

图 4.17

代码如下：

```
private void Form1_Load(object sender,EventArgs e)
    {
        listBox1.Items.Add("北京");
        listBox1.Items.Add("上海");
        listBox1.Items.Add("沈阳");
    }

    private void button1_Click(object sender,EventArgs e)
    {
        MessageBox.Show(listBox1.Items[listBox1.Items.Count
    -1].ToString());
    }
```

单击"确定"按钮时，通过消息框显示选中的一项，其代码应改为：

```
MessageBox.Show(listBox1.SelectedItem.ToString());
```

【例 4-19】 实现如图 4.18 所示的课程转移。

实现代码如下：

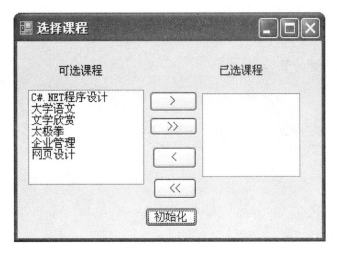

图 4.18

```
private void button1_Click(object sender,EventArgs e)    //"初始化"按钮
    {   listBox1.Items.Clear();
        listBox2.Items.Clear();
        listBox1.Items.Add("C#.NET程序设计");
        listBox1.Items.Add("大学语文");
        listBox1.Items.Add("文学欣赏");
        listBox1.Items.Add("太极拳");
        listBox1.Items.Add("企业管理");
        listBox1.Items.Add("网页设计");
    }

private void button2_Click(object sender,EventArgs e)    //">"按钮
{
    if(listBox1.SelectedIndex  != -1)
    {
       listBox2.Items.Add(listBox1.SelectedItem);
       listBox1.Items.Remove(listBox1.SelectedItem);
    }
    else
       MessageBox.Show("请先选择课程");
}

    private void button4_Click(object sender,EventArgs e)    //"<"按钮
    {
        if(listBox2.SelectedIndex  != -1)
```

```
            listBox1.Items.Add(listBox2.SelectedItem);
        else
        MessageBox.Show("请先选择课程");
}

private void button3_Click(object sender,EventArgs e)    //")"按钮
{
    int i;
    for(i=0;i<listBox1.Items.Count;i++)
        listBox2.Items.Add(listBox1.Items[i]);
    listBox1.Items.Clear();
}

private void button5_Click(object sender,EventArgs e)    //"〈"按钮
{
    int i;
    for(i=0;i<listBox2.Items.Count;i++)
        listBox1.Items.Add(listBox2.Items[i]);
    listBox2.Items.Clear();
}
```

十、组合框控件（ComboBox 控件）

ComboBox 控件分两部分：上部是一个允许用户输入的文本框；下部是允许用户选择一个项的列表框。除了具有与 TextBox 控件及 ListBox 控件相同的属性、方法、事件外，还有 DropDownStyle 属性等常用属性。

1. 常用属性

DropDownStyle 属性：该属性用于设置组合框的样式。有 3 种可选值：

Simple：同时显示文本框和列表框，文本框可以被编辑。

DropDown：具有下拉列表框，可以选择，也可以直接输入选择项中不存在的文本。该值是默认值。

DropDownList：具有下拉列表框，只能选择已有可选项中的值，不能输入其他的文本。

样式如图 4.19 所示。

MaxDropDownItems 属性：该属性用于设置下拉列表框中最多显示列表项的个数。

2. 常用的事件

DropDown：单击下拉箭头时发生。

DropDownClosed：组合框的下拉部分不再可见时发生。

SelectedIndexChanged：SelectedIndex 属性更改后触发的动作。

图 4.19

3. 组合框控件的应用

【例 4-20】 实现图 4.20 所示书籍列表组合框（combobox1）和顾客选择列表框（listbox1）中选项的转移。

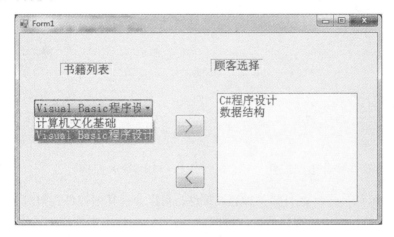

图 4.20

实现代码如下：

```
private void Form1_Load(object sender,EventArgs e)
{
    comboBox1.DropDownStyle = ComboBoxStyle.DropDownList;
    comboBox1.Items.Clear();
    listBox1.Items.Clear();
    comboBox1.Items.Add("计算机文化基础");
    comboBox1.Items.Add("数据结构");
    comboBox1.Items.Add("Visual Basic 程序设计");
    comboBox1.Items.Add("C#程序设计");
}

private void button1_Click(object sender,EventArgs e)
```

```
        //">"按钮
        {
            if(comboBox1.Items.Count >0)
            {
                listBox1.Items.Add(comboBox1.SelectedItem);
                comboBox1.Items.Remove(comboBox1.SelectedItem);
            }

        }
        private void button2_Click(object sender,EventArgs e)
        //"<"按钮
        {
            if(listBox1.Items.Count >0)
            {
                comboBox1.Items.Add(listBox1.SelectedItem);
                listBox1.Items.Remove(listBox1.SelectedItem);
            }

        }
```

十一、面板控件和分组框控件（Panel 控件和 GroupBox 控件）

Panel 控件和 GroupBox 控件是一种容器控件，可以容纳其他控件，同时为控件分组。通常情况下，单选按钮控件经常与 Panel 控件或 GroupBox 控件一起使用。另外，放在 Panel 控件或 GroupBox 控件内的所有对象将随着容器控件一起移动、显示、消失和屏蔽。这样，使用容器控件可将窗体的区域分割为不同的功能区，可以提供视觉上的区分和分区激活或屏蔽的功能。

1. 使用方法

使用 Panel 控件或 GroupBox 控件将控件分组的方法如下：

①在"工具箱"中选择 Panel 控件或 GroupBox 控件，将其添加到窗体上。
②在"工具箱"中选择其他控件，放在 Panel 控件或 GroupBox 控件上。
③重复步骤②，添加所需的其他控件。

2. Panel 控件常用属性

Panel 控件常用的属性主要有如下几种：

（1）BorderStyle 属性

该属性用于设置边框的样式，有以下 3 种设定值。

None：无边框。
Fixed3D：立体边框。
FixedSingle：简单边框。

默认值是 None，不显示边框。

（2） AutoScroll 属性

该属性用于设置是否在框内加滚动条。设置为 True 时，则加滚动条；设置为 False 时，则不加滚动条。

3. GroupBox 控件的常用属性

GroupBox 控件最常用的是 Text 属性，该属性可用于在 GroupBox 控件的边框上设置显示的标题。Panel 控件与 GroupBox 控件功能类似，都用作容器来组合控件，但两者之间有 3 个主要区别：

- Panel 控件可以设置 BorderStyle 属性，选择是否有边框。
- Panel 控件可把其 AutoScroll 属性设置为 True，进行滚动。
- Panel 控件没有 Text 属性，不能设置标题。

4. 分组框的应用

【例 4 – 21】 设计一个运动会报名窗体。选择或输入运动员姓名，同时选择性别及参加的项目，输出所选的信息，如图 4.21 所示。

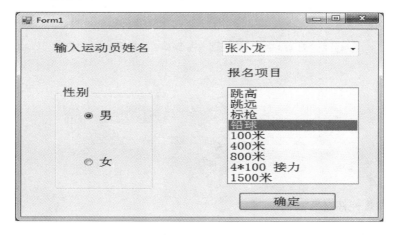

图 4.21

代码如下：

```
private void Form1_Load(object sender,EventArgs e)
    {
        comboBox1.Items.Add("张小龙");
        comboBox1.Items.Add("李文");
        comboBox1.Items.Add("黄河");
    }

private void button1_Click(object sender,EventArgs e)      //"确定"按钮单击事件{
        string s;
        s = comboBox1.Text;
```

```
        if(comboBox1.FindString(s) == -1)
            comboBox1.Items.Add(s);
    bool xb;
    xb = true;
    if(radioButton2.Checked == true)
     xb = false;
    MessageBox.Show("姓名:" + comboBox1.Text + "  性别:" + (xb? "男":"
            女") +",
            报名了:" + listBox1.SelectedItem.ToString(),"运动会
            报名");
}
```

运行结果如图 4.22 所示。

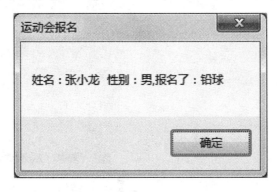

图 4.22

十二、滚动条控件（ScrollBar 控件）

滚动条（ScrollBar）有水平和垂直两种，这两种滚动条除了方向不同外，其功能和操作是一样的。流动条主要用在列有较长项目或大量信息的地方，这样，用户在小区域中使用滚动条实现平滑移动，可浏览到所有信息或列表项目。

另外，滚动条也可作为一种特殊的输入工具。例如，常常利用滚动条中滑块位置的变化，来调节声音的音量或调整图片的颜色，使其有连续变化的效果，实现调节的目的。

1. 常用属性

Minimum（最小值）属性：将滑块移到滚动条的最左端或最上端时，滚动条的属性值达到最小。属性的最小值由属性决定。

Maximum（最大值）属性：将滑块移到滚动条的最右端或最下端时，滚动条的属性值达到最大。属性的最大值由属性决定。

Value 属性：表示滚动条内滑块的位置所代表的值。

SmallChange（小变化）属性：表示单击滚动条两端箭头时，滑块移动的增量值。

LargeChange（大变化）属性：表示单击滚动条内空白处或者按 PageUp/PageDown 键时，滑块移动的增量值。

2. 常用的事件

滚动条的主要事件有 Scroll 和 ValueChanged，通常都是捕捉该事件来对滚动条的动作进行相应的动作。

Scroll 事件：在通过鼠标或键盘移动滚动条的滑块时，滑块被重新定位，即触发 Scroll 事件。

ValueChanged 事件：当通过 Scroll 事件或以编程方式更改 Value 属性时发生。

3. 滚动条的应用

【例 4-22】 新建一个项目，在窗体中加入一个文本框、一个水平滚动条和一个标签。为其中的水平滚动条控件设置如下属性：

设置其 Minimum 属性值为 5，Maximum 属性值为 60，SmallChange 属性值为 1，LargeChange 属性值为 5，Value 属性初始值为 15。并设置文本框的 Multiline 属性为 True。完成属性设置的窗体如图 4.23 所示。

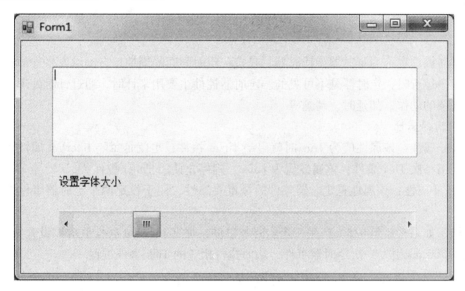

图 4.23

事件代码如下：以下程序代码实现改变文本框的字体大小的功能。

```
private void hScrollBar1_ValueChanged(object sender,EventArgs e)
{
        int nFontSize;
        nFontSize = hScrollBar1.Value;
        textBox1.Font = new System.Drawing.Font("宋体",nFontSize);
}
```

运行该程序，可以看出，当用户拖动滚动条时，文本框的字体大小会随着水平滚动条的滑动而发生变化。运行的界面如图 4.24 所示。

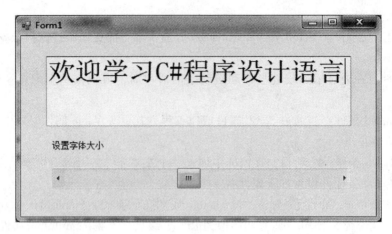

图 4.24

十三、定时器控件（Timer 控件）

定时器控件也称为定时器或计时器，是按一定时间间隔周期地自动触发事件的控件。

在程序运行时，定时器是不可见的。定时器控件主要用来计时，通过计时处理，可以实现各种复杂的动作，如延时、动画等。

1. 常用的属性

Enable 属性：该属性值为 True 时就启动 Timer 控件，也就是每隔 InterVal 属性指定的时间间隔调用一次 Tick 事件；该属性值为 False，则停止使用 Timer 控件。

InterVal 属性：该属性是定时器控件的最重要属性，用于设定两个定时器事件之间的时间间隔。

例如，如果希望每 0.5 s 产生一个定时器事件，那么 InterVal 属性值应该设置为 500，这样，每隔 500 ms 引发一次定时器事件，从而执行相应的 Tick 事件过程。

2. 常用的方法

Start 方法：用于启动定时器。

格式如下：

```
Timer 控件名.start();    //该方法无参数
```

Stop 方法：用于停止定时器。

格式如下：

```
Timer 控件名.stop();
```

3. 常用的事件

定时器控件只响应一个 Tick 事件。即，定时器控件对象在间隔了一个 InterVal 设定的时间后，便触发一次 Tick 事件。

4. 定时器控件的应用

【例 4-23】 在窗体中添加 2 个定时器控件，设置 timer1 的 InterVal 属性设置为 50 000 ms（50 s）、timer2 的 InterVal 属性设置为 1 000 ms（1 s）。

要求：利用 timer1 每隔 50 s 检查一次用户的文件是否保存，如果未保存，提示用户进行保存；利用 timer2 建立一个数字式钟表。

设计完成的窗体如图 4.25 和图 4.26 所示。

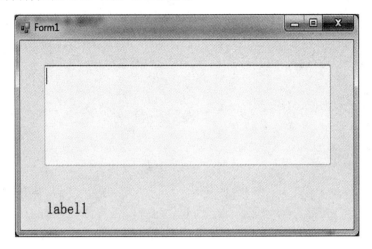

图 4.25

图 4.26

相关代码如下：

```
//设置一个表示是否保存的标记
  public bool blFileSave;

  //在窗体的初始化时,进行相应的设置
  private void Form1_Load(object sender,EventArgs e)
  {
       blFileSave = false;
       timer1.Enabled = true;
       timer2.Enabled = true;
  }
private void textBox1_TextChanged(object sender,EventArgs e)
{
//当文本框的内容变化时,都要将 blFileSave 标志设置为 false
       blFileSave = false;
       }
private void timer1_Tick(object sender,EventArgs e)
{
       timer1.Enabled = false;
```

```
            if(blFileSave == false)
            {
                MessageBox.Show("还没有保存,请保存!","提示信息",Message-
BoxButtons.OK);
                blFileSave = true;
            }
            timer1.Enabled = true;
        }
        private void timer2_Tick(object sender,EventArgs e)
        {
            label1.Text   ="当前时间为:" + System.DateTime.Now;
        }
```

在 timer2 的 Tick 事件中的 DataTime 是返回系统时间函数。在系统运行时，label1 标签控件显示的时间间隔为 1 s，改变一次。

运行程序，可以看到当过了 50 s 后，如果文本框的内容没有被保存，则会提示用户，如图 4.27 所示。

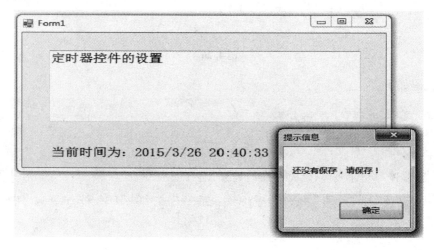

图 4.27

十四、图片框控件（Picturebox 控件）

Windows 窗体 PictureBox 控件用于显示位图、GIF、JPEG、图元文件或图标格式的图形。显示的图片由 Image 属性确定，而 SizeMode 属性控制图像和控件彼此适应的方式。

可显示的文件类型见表 4.1。

表 4.1

类型	文件扩展名
位图	.bmp
Icon	.ico

续表

类型	文件扩展名
GIF	.gif
图元文件	.wmf
JPEG	.jpg

PictureBox 控件该属性可在设计或运行时采用代码设置。

1. 主要属性

Image：获取或设置图片框中显示的图像。

ImageLocation：获取或设置要在图片框中显示的图像的路径。

SizeMode：图片在控件中的显示方式。

其属性有：

Normal（默认）：图像被置于控件的左上角。如果图像控件大，则超出部分被剪裁掉。

AutoSize：调整控件 PictureBox 大小，使其等于所包含的图像大小。

CenterImage：如果控件 PictureBox 比图像大，则图像将居中显示；如果图像比控件大，则图片将居于控件中心，而外边缘将被剪裁掉。

StretchImage：控件中的图像被拉伸或收缩，以适合控件的大小。

Zoom：保持宽高比不变的前提下将图片缩放，使之占满图片框。

```
//代码调整图像以适应控件
PictureBox1.SizeMode = PictureBoxSizeMode.StretchImage;
```

Image.FromFile 函数：用来加载图像。

```
pictureBox 对象名.Image = Image.FromFile(图像的绝对路径);
```

例如：

```
pictureBox1.Image = Image.FromFile("d:\\myphoto.jpg");
```

2. 在设计时显示图片

在窗体上绘制 PictureBox 控件。在"属性"窗口中选择 Image 属性，然后单击省略号按钮以显示"打开"对话框。如果要查找特定文件类型（例如 .gif 文件），在"文件类型"框中选择该类型，然后选择要显示的文件即可。

3. 在设计时清除图片

在"属性"窗口中，选择 Image 属性，并右击出现在图像对象名称左边的小缩略图，选择"重置"。

4. 图片框控件的应用

【例 4-24】 设计一个窗体，以选择命令按钮方式显示春、夏、秋、冬 4 个季节的图片。效果如图 4.28 所示。

操作步骤：

①在窗体上放置四个命令按钮（button1~button4），其 Text 属性分别为春、夏、秋、冬。再放置一个图片框（picturebox1），设置 picturebox1 的 SizeMode 属性为 StretchImage。

②事件代码如下：

图 4.28

```
private void button1_Click(object sender,EventArgs e)
{
    pictureBox1.Image = Image.FromFile("d:\\四季图片\\春天.jpg");
}

private void button2_Click(object sender,EventArgs e)
{
    pictureBox1.Image = Image.FromFile("d:\\四季图片\\夏天.jpg");
}

    private void button3_Click(object sender,EventArgs e)
{
    pictureBox1.Image = Image.FromFile("d:\\四季图片\\秋天.jpg");
}

private void button4_Click(object sender,EventArgs e)
{
    pictureBox1.Image = Image.FromFile("d:\\四季图片\\冬天.jpg");
}
```

十五、存储图像控件（ImageList 控件）

ImageList 控件提供了一个集合，可以用于存储在窗体的其他控件中使用的图像。

ImageList 和 timer 控件一样，不在运行期间显示自身的控件。在把它拖放到正在开发的窗体上时，它并不是放在窗体上，而是放在它的下面。

常用属性：Images。

常用方法：Add：在代码中添加图片所用。

语法：

```
ImageList 控件名.images.add(图片名);
```

【例 4-25】 将一幅图片放入 ImageList 控件中，单击按钮，在 PictureBox 控件中显示该幅图片。效果如图 4.29 所示。

图 4.29

代码如下：

```
private void button1_Click(object sender,EventArgs e)
    {
        Image tupian1 = Image.FromFile(@ "d:\四季图片\春天.jpg");
        imageList1.Images.Add(tupian1);
        pictureBox1.Image = tupian1;
    }
```

【例 4-26】 将若干图片首先放入 ImageList 控件中，要求每隔 2 s 依次在 PictureBox 控件中显示各幅图片。

提示：将 timer1 的 interval 属性设置为 2000。

设置 picturebox1 的 SizeMode 属性为 StretchImage。

代码如下：

```
private void button1_Click(object sender,EventArgs e)
        {
            timer1.Start();
        }
int i=0;
private void timer1_Tick(object sender,EventArgs e)
{
            pictureBox1.Image = imageList1.Images[i];
            i++;
            if(i == imageList1.Images.Count )
               timer1.Stop();
}
```

十六、ToolBar 控件（ToolStrip 控件）

工具栏（ToolBar 控件）在 Windows 应用程序中是经常见到的。它允许用户通过单击按钮来快速触发事件以执行某一任务。工具栏一般拥有与菜单相同的功能，因为菜单选项和工具栏按钮在单击时常常执行相同的任务，见表 4.2。

表 4.2

事件	说明
Click	当用户单击工具栏上的按钮时，将触发该事件。为了能够确定单击了哪个按钮，应提供发送给事件处理程序的 ToolBarClickEventArgs 参数的 Button 属性，通过查看这个属性来确定用户单击了哪个按钮
ButtonDropDown	在单击了工具栏中的一个按钮，该按钮的 Style 属性设置为 DropDownButton，或者单击了该按钮对应的箭头将触发该事件。ToolBarButtonClickEventArgs 可以用于确定单击哪个按钮，以及该执行什么操作

ToolStrip 控件的作用是为 Windows 应用程序添加工具栏。工具栏一般由多个按钮、标签等排列组成，通过这些项可以快速地执行程序提供的一些常用命令，比使用菜单选择更加方便快捷。

Windows 窗体中添加一个 ToolStrip 控件后，窗体顶端会出现一个工具栏，如图 4.30 所示，单击工具栏上的小箭头、弹出下拉菜单，其中每一项都是可以使用在工具栏上的项类型，常用的有 Button（按钮）、ComboBox（下拉框）和 TextBox（文本框）等控件，单击某项即可添加到工具栏上。

当然，也可以通过 ToolStrip 控件的"Items"属性调用"项集合编辑器"对话框完成工具栏的编辑。另外，右击 ToolStrip 控件，在弹出的快捷菜单中单击"插入标准项"，则可以快速地在 ToolStrip 控件上添加如图 4.31 所示的常用按钮，分别表示"新建"、"打开"、"保存"、"打印"、"剪切"、"复制"、"粘贴"和"帮助"等功能。向工具栏上添加了各项之后，再分别设置各项属性，并为各项添加 Click 事件即可完成工具栏的设置。

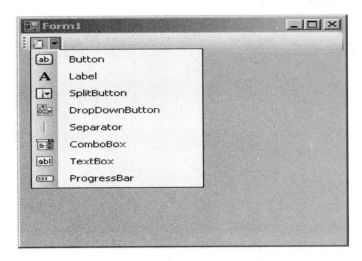

图 4.30

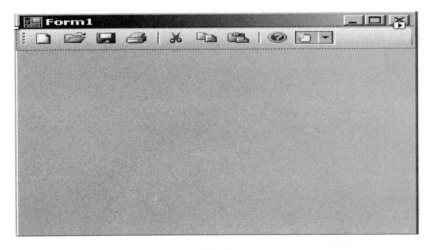

图 4.31

ToolStrip 控件的常用属性和事件与 MenuStrip 控件基本相同，工具栏上各项的属性和事件与 MenuStrip 控件中的菜单项基本相同。

【例 4-27】 RTF 文件编辑器工具栏设计。

①新建一个名为 ToolStripExample 的 Windows 应用程序项目，将 Form1.cs 重命名为 FormToolStrip.cs，调整窗体到适当大小；设置"Text"属性为"RTF 文件编辑器-工具栏"。

②向窗体中添加一个 ToolStrip 控件，用鼠标指向该控件，选择"插入标准项"命令，对标准菜单项进行增减：删去"打印"、"帮助"两个按钮项，增加一个 ComboBox 项，设置"Name"属性为"toolStripComboBox 字体"，并修改其"Items"属性为"大字体"、"小字体"和"适中字体"3 个条目，修改工具栏 toolStrip1 上各图标的"Name"属性分别为："新建 N toolStripButton"、"打开 O toolStripButton"、"保存 S toolStripButton"、"剪切 U toolStripButton"、"复制 C toolStripButton"、"粘贴 P toolStripButton"、"字体 toolStripComboBox"；再向窗体中添加一个 RichTextBox 控件，调整其大小以适应窗体，窗体界面及控件属性如图 4.32 所示。

图 4.32

③分别双击 ToolStrip 控件中的各项，添加其 Click 事件，代码如下：

```
private void 新建NToolStripButton_Click(object sender,EventArgs e)
{
    richTextBox1.Enabled = true;
    richTextBox1.Clear();
    richTextBox1.Focus();
}

private void 打开OToolStripButton_Click(object sender,EventArgs e)
{
    richTextBox1.LoadFile("D:\\note.rtf",RichTextBoxStreamType.RichText);
    richTextBox1.Enabled = true;
}
private void 保存SToolStripButton_Click(object sender,EventArgs e)
{
    richTextBox1.SaveFile("D:\\note.rtf",RichTextBoxStreamType.RichText);
    richTextBox1.Clear();
    MessageBox.Show("note.rtf 文件已保存!");
    richTextBox1.Enabled = false;
}

private void 剪切UToolStripButton_Click(object sender,EventArgs e)
{
    richTextBox1.Cut();
}

private void 复制CToolStripButton_Click(object sender,EventArgs e)
```

```
    {
       richTextBox1.Copy();
    }

    private void 粘贴PToolStripButton_Click(object sender,EventArgs e)
    {
       richTextBox1.Paste();
    }
```

④添加"toolStripComboBox 字体"的 TextChanged 事件,代码如下:

```
    private void toolStripComboBox 字体_TextChanged(object sender,EventArgs e)
    {
       FontFamily myfontfamily = richTextBox1.SelectionFont.FontFamily;
       switch(toolStripComboBox 字体.Text)
       {
         case "大字体":
            richTextBox1.Font = new Font(myfontfamily,40,System.Drawing.FontStyle.Regular);
            break;
         case "小字体":
            richTextBox1.Font = new Font(myfontfamily,8,System.Drawing.FontStyle.Regular);
            break;
         case "适中字体":
            richTextBox1.Font = new Font(myfontfamily,24,System.Drawing.FontStyle.Regular);
            break;
       }
    }
```

⑤按 F5 键编译并运行,尝试利用工具栏对文件进行各种编辑操作。

十七、树视图控件(TreeView 控件)

树视图(TreeView)控件以树的方式显示集,例如图 4.33 所示的 Windows 资源管理器的左边视图就是一个树视图。

TreeView 控件的每个数据项都与一个树节点(TreeNode)对象相关联。树节点可以包括其他的节点,这些节点称为子节点,这样就可以在 TreeView 控件中体现对象之间的层次关系。

1. TreeView 控件的常用属性和事件

TreeView 控件有很多的属性和事件,用于完成树视图的相关功能,TreeView 控件的常用

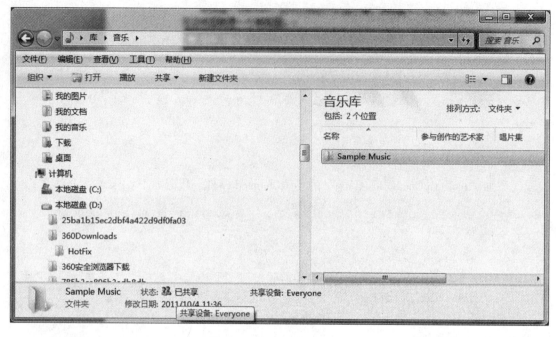

图 4.33

属性和事件如下：

Nodes 属性：Nodes 属性用于设计 TreeView 控件的节点。设计 TreeView 控件节点的方法为：找到并单击 Nodes (Collection) 右边的 按钮，将弹出如图 4.34 所示的"TreeNode 编辑器"窗口。

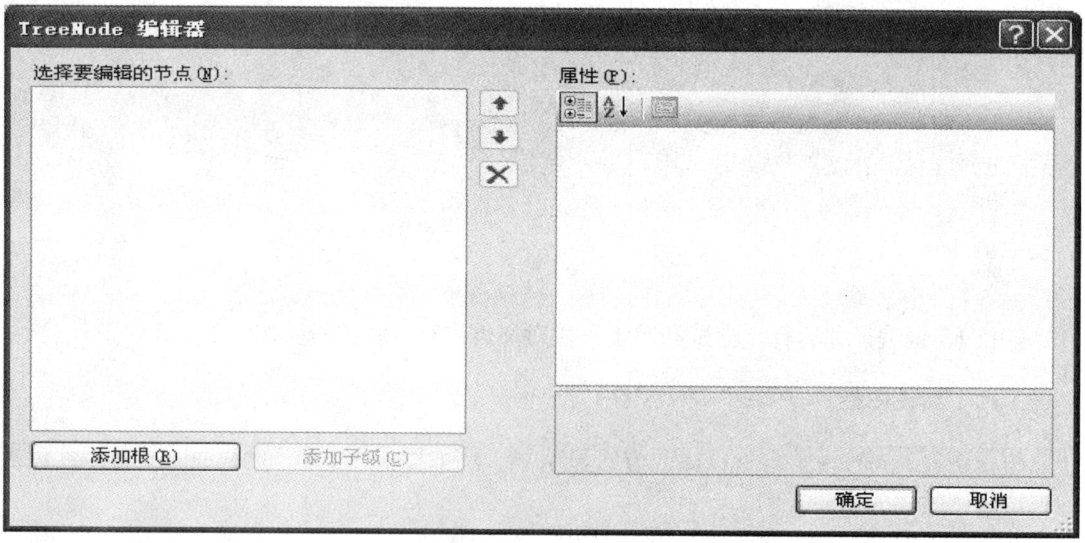

图 4.34

然后单击"添加根"按钮，为 TreeView 控件添加根节点，添加根节点后，"添加子级"按钮变为可以操作，单击它可以为根节点添加子节点，如图 4.35 所示。

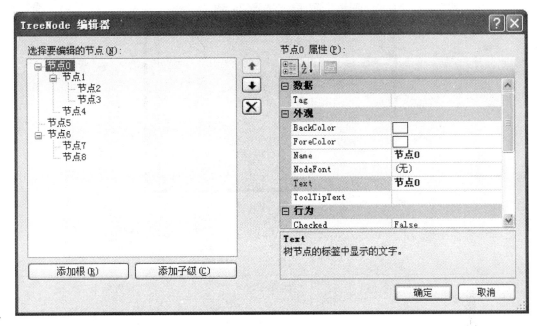

图 4.35

Anchor 属性：TreeView 控件的 Anchor 属性用于设置 TreeView 控件绑定到容器的边缘。与前面介绍的 RichTextBox 控件的 Anchor 属性类似，绑定后 TreeView 控件的边缘与绑定到的容器边缘之间的距离保持不变。

ImageList 属性：TreeView 控件的 ImageList 属性用于设置从中获取图像的 ImageList 控件，该属性的设置必须与 ImageList 控件相配合才能使用。

Scrollable 属性：TreeView 控件的 Scrollable 属性用于指示当 TreeView 控件包含多个节点，无法在其可见区域内显示所有节点时，TreeView 控件是否显示滚动条。它有 True 和 False 两个值，其默认值为 True。

ShowLines 属性：TreeView 控件的 ShowLines 属性用于指示是否在同级别节点以及父节点与子节点之间显示连线。它有 True 和 False 两个值，其默认值为 True。

ShowPlusMinus 属性：TreeView 控件的 ShowPlusMinus 属性用于指示是否在父节点旁边显示"+/-"按钮。它有 True 和 False 两个值，其默认值为 True。

ShowRootLines 属性：TreeView 控件的 ShowRootLines 属性用于指示是否在根节点之间显示连线。它有 True 和 False 两个值，其默认值为 True。

SelectedNode 属性：TreeView 控件的 SelectedNode 属性用于获取或设置 TreeView 控件所有节点中被选中的节点。

AfterSelect 事件：TreeView 控件最常用的事件为 AfterSelect 事件，当更改 TreeView 控件中选定的内容时，触发该事件。

2. TreeView 控件使用示例

【例 4-28】 练习使用 TreeView 控件（从树视图中选择一个节点，将该节点的文本信息显示在一个文本框中）。

①创建一个名为"TreeView"的新项目，将默认的 Form1 按照表 4.2 给出的信息设计成如图 4.36 所示。

图 4.36

② 程序界面中包含的所有对象元素（TreeView、Label、TextBox）的属性设置见表 4.3。

表 4.3

控件类型	控件名称	属性	设置结果
Form	Form1	Text	frmTreeView
TreeView	TreeView1	Text	TreeView
		Name	tvwShow
Nodes	节点 0	Name	ndMyComputer
		Text	我的电脑
	节点 1	Name	ndC
		Text	本地磁盘（C:)
	节点 2	Name	ndWindows
		Text	WINDOWS
	节点 3	Name	ndProgramFiles
		Text	Program Files
	节点 4	Name	ndD
		Text	本地磁盘（D:)
	节点 5	Name	ndE
		Text	本地磁盘（E:)
	节点 6	Name	ndNet
		Text	网上邻居
	节点 7	Name	ndRecycled
		Text	回收站
Label	Label1	Text	您选择的是：
TextBox	TextBox1	Name	txtResult
		ReadOnly	True

③接下来编写程序代码，在窗体上双击树视图（tvwShow）控件，然后编写 tvwShow 控件的 AfterSelect 事件代码如下：

```
//*******************************************************
//树视图控件的 AfterSelect 事件代码
//*******************************************************
private void tvwShow_AfterSelect(object sender,TreeViewEventArgs e)
{
    txtResult.Text = tvwShow.SelectedNode.Text;
}
//*******************************************************
//*******************************************************
```

④运行程序，依次展开"我的电脑"→"本地磁盘（C:）"，然后选择"Program Files"节点，结果如图 4.37 所示。

图 4.37

4.2 对话框应用

一、消息框

消息框的几种形式见表 4.4。消息框中图标或按钮类型的成员见表 4.5。

表 4.4

格式	描述
MessageBox.Show（字符串类型的消息内容）	仅定义消息内容
MessageBox.Show（字符串类型的消息内容，字符串类型的标题内容）	指定消息内容和标题
MessageBox.Show（字符串类型的消息内容，字符串类型的标题内容，消息框按钮类型）	指定消息内容、标题、按钮类型
MessageBox.Show（字符串类型的消息内容，字符串类型的标题内容，消息框按钮类型，图标类型）	指定消息内容、标题、按钮类型、图标类型

表 4.5

图标/按钮类型	成员	描述
图标 MessageBoxIcon	Asterisk	在消息框中显示提示图标
	Error	在消息框中显示错误图标
	Exclamation	在消息框中显示警告图标
	Hand	在消息框中显示指示图标
	Information	在消息框中显示提示图标
	Question	在消息框中显示问号图标
	Stop	在消息框中显示停止图标
	Warning	在消息框中显示警告图标
按钮 MessageBoxButtons	AbortRetryIgnore	在消息框中显示终止、重试、忽略按钮
	OK	在消息框中显示确定按钮
	OKCancel	在消息框中显示确定、取消按钮
	RetryCancel	在消息框中显示重试、取消按钮
	YesNo	在消息框中显示是、否按钮
	YesNoCancel	在消息框中显示是、否、取消按钮

【例 4-29】 在窗体中的某按钮的单击事件中编写如下代码，其运行后弹出的消息框，如图 4.38 所示。

```
MessageBox.Show("内容","标题",Message-
BoxButtons.OKCancel,
MessageBoxIcon.Information);
```

图 4.38

二、打开文件对话框

OpenFileDialog（打开文件）对话框，使用该控件可以选择打开文件。打开文件对话框的常用属性和方法见表 4.6。

表 4.6

属性/方法	描述
AddExtension	bool，如果省略扩展名，对话框是否自动为文件名添加扩展名
CheckFileExists	bool，如果指定不存在的扩展名，对话框是否省略警告。默认值 True
CheckPathExists	bool，如果指定不存在的路径，对话框是否省略警告。默认值 True
DefaultExtent	string，默认的扩展名
FileName	string，"打开"或"保存"对话框中选择的文件名
FileNames	string[ ]，"打开"文件对话框中选择的所有文件名（MultiSelect 属性为 True）
Filter	string，设置或获取当前文件名筛选器的字符串
FilterIndex	int，设置或获取当前文件对话框中选定筛选器的索引
InitialDirectory	string，设置或获取文件对话框中显示的初始目录
MultiSelect	bool，对话框是否允许选择多个文件，默认值为 False
RestoreDirectory	bool，文件对话框在关闭前是否还原当前目录
SafeFileName	string，获取用户在对话框中选定的文件的文件名和扩展名（不包括路径）
Title	sring，设置或获取文件对话框的标题
OpenFile（）	Stream，打开用户选定的具有读/写权限的文件
ShowDialog（）	DialogResult，运行具有指定所有者的通用对话框

三、保存文件对话框

SaveFileDialog（保存文件）对话框，通过调用 ShowDialog（）方法显示一个"另存为"对话框，执行保存文件的操作。保存文件对话框与打开文件对话框的属性相似。

四、颜色对话框

ColorDialog（颜色对话框）控件，可以从它的调色板中选择颜色，以及将自定义颜色添加到该调色板。如果开发基于 Windows 应用程序，开发人员可以使用该对话框来实现选择颜色功能，而不需要再配置自己的对话框。颜色对话框的属性见表 4.7。

表 4.7

属性	描述	属性	描述
Color	用户选定的颜色	FullOpen	指示用于创建自定义颜色的控件是否可见
AnyColor	指示是否显示基本颜色集中可用的所有颜色	ShowHelp	是否显示"帮助"按钮
CustomColors	自定义颜色集	SolidColorOnly	指示是否限制用户只选择纯色
AllowFullOpen	指示用户是否可以使用自定义颜色		

五、字体对话框

FontDialog（字体对话框）控件，用于创建字体设置的对话框。字体对话框的常用属性、方法、事件见表4.8。

表4.8

属性、方法、事件		描述
属性	Font	设置字体对话框的字体，如 fontDialog1.Font = label1.Font
	Color	设置字体对话框的颜色
	ShowColor	是否显示字体对话框的颜色选项
	ShowApply	是否显示字体对话框的应用按钮
方法	ShowDialog	用于显示对话框，该方法经常被放置在判断语句的条件表达式中，如： if(fontDialog1.ShowDialog == DialogResult.OK){…} 表示如果用户单击对话框的"确定"按钮，则进行相应操作
事件	Apply	字体对话框有一个应用按钮，如果用户单击该按钮，则触发该事件。通过该事件的代码设计，可以在不退出对话框的情况下，将设置应用于程序。要使该按钮显示，属性 ShowApply 需设置为 True

【例4-30】 OpenFileDialog、SaveFileDialog、ColorDialog、FontDialog 控件的应用。在窗体相应按钮的单击事件中编写代码，完成对某一文本文件或富文本格式文件实现文件打开、保存、设置颜色、设置字体的功能。窗体布局如图4.39所示。

图4.39

实现代码:

```csharp
private void button1_Click(object sender,EventArgs e)          //打开文件
    {
        OpenFileDialog openFileDialog1 = new OpenFileDialog();
        openFileDialog1.Filter = "富文本(*.rtf)|*.rtf|文本文件(*.txt)|*.txt";
        openFileDialog1.DefaultExt = "txt";
        if(openFileDialog1.ShowDialog() == DialogResult.OK)
        {
            richTextBox1.LoadFile(openFileDialog1.FileName);
        }
    }
private void button2_Click(object sender,EventArgs e)          //保存文件
    {
        SaveFileDialog saveFileDialog1 = new SaveFileDialog();
        saveFileDialog1.Filter = "富文本(*.rtf)|*.rtf|文本文件(*.txt)|*.txt";
        openFileDialog1.DefaultExt = "rtf";
        if(saveFileDialog1.ShowDialog() == DialogResult.OK)
        {
            richTextBox1.SaveFile(saveFileDialog1.FileName);
        }
    }

private void button3_Click(object sender,EventArgs e)          //设置颜色
    {
        ColorDialog ColorDialog1 = new ColorDialog();
        if(colorDialog1.ShowDialog() == DialogResult.OK)
            richTextBox1.ForeColor = colorDialog1.Color;
    }

private void button4_Click(object sender,EventArgs e)          //设置字体
    {
        FontDialog fontDialog1 = new FontDialog();
        if(fontDialog1.ShowDialog() == DialogResult.OK)
            richTextBox1.Font = fontDialog1.Font;
    }
```

4.3 菜单设计

菜单通常分为主菜单和上下文菜单（又称为右键菜单）两类，在.NET 类库中分别提供了 MenuStrip 和 ContentMenuStrip 控件来实现主菜单和上下文菜单。

一、主菜单控件 MenuStrip

MenuStrip 控件用来提供主菜单控件，它必须依附在某个窗体上，通常显示在窗体的最上方，它由 System.Windows.Forms.MenuStrip 类提供。通常包含多个不同的菜单项（MenuItem），并且可以通过代码动态地添加或删除菜单项。MenuStrip 控件主要用于生成所在窗体的主菜单。用符号"&"指定该菜单项的组合键，让其后的字母带下划线显示，如编辑菜单项"E&xit"，则会显示为"Exit"，意思是可以直接用 Alt + X 组合键实现与单击该菜单项相同的功能；用符号"-"可以在菜单中显示各项之间的分隔条。如图 4.40 所示。

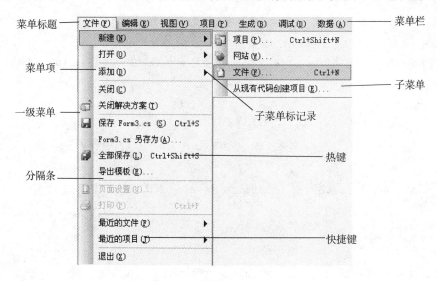

图 4.40

1. 菜单结构

菜单中可以包含以下 4 种不同类型的菜单项。

①MenuItem 类型：类似 Button 的菜单项，通过单击来实现某种功能，同时可以包含子菜单项，它以右三角形的形式表示包含子菜单。

②ComboBox 类型：类似 ComboBox 控件的菜单项，可以在菜单中实现多个可选项的选择。

③TextBox 类型：类似 TextBox 控件的菜单项，可以在菜单中输入任意文本。

④Separator 类型：菜单项分隔符，以灰色的"-"表示。

2. MenuStrip 控件的基本属性

①AllowItemReorder 属性：当程序运行时，按下 Alt 键是否允许改变各菜单项的左右排列顺序。默认值为 false，当更改该属性值为 true 时，按下 Alt 键的同时，可以用鼠标拖动各菜单项，以调整其在菜单栏上的左右位置。

②Dock 属性：指示菜单栏在窗体中出现的位置，默认值为 Top。

③GripStyle 属性：是否显示菜单栏的指示符，即纵向排列的多个凹点，默认值为 Hidden。当更改该属性值为 Visible 时，显示位置由"GripMargin"属性指定。

④Items 属性：用于编辑菜单栏上显示的各菜单项。单击"Items"属性后的"…"按钮，弹出"项集合编辑器"对话框，如图 4.41 所示。

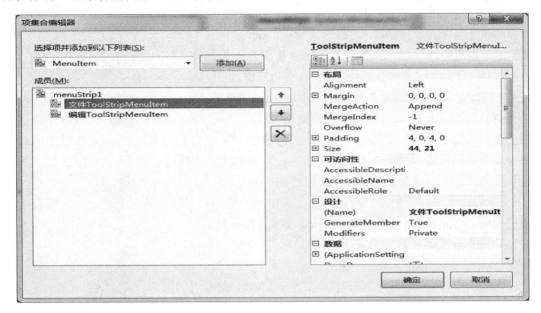

图 4.41

3. MenuStrip 控件的常用事件

①ItemClicked 事件：当单击菜单栏上各主菜单项时触发的操作。

②LayoutCompleted 事件：当菜单栏上各主菜单项的排列顺序发生变化之后触发的操作。使用该事件时，AllowItemRecord 属性必须设为 true，即当程序运行时，按下 Alt 键，重新排列菜单栏上各主菜单项的顺序之后触发该事件。

4. MenuItem 菜单项的基本属性

①Checked 属性：指示菜单项是否被选中。默认值为 false。

②CheckOnClick 属性：决定单击菜单项时是否使其选中状态发生改变。默认值为 false，即单击菜单项不会影响其 Checked 属性；当更改该属性值为 true 时，则每次单击菜单项，都会影响其 Checked 属性，使其值在 false 和 true 之间切换。

③CheckState 属性：指示菜单项的状态。与复选框 CheckBox 控件的"ThreeState"属性相同，共有 3 个属性值：Checked、Unchecked 和 Indeterminate，分别表示选中、未选中和不确定 3 种状态。

④DisplayStyle 属性：指示菜单项上的显示内容。共有 4 个属性值：None、Text、Image 和 ImageAndText，分别表示不显示任何内容、仅显示文本、仅显示图标、同时显示文本和图标。默认值为 ImageAndText。

⑤DropDownItems 属性：单击该属性后的"…"按钮，调出"项集合编辑器"对话框，以此编辑该菜单项对应的子菜单中的各菜单项。

⑥Image 属性：指定在该菜单项上显示的图标。

⑦ImageScaling 属性：指定是否调整图标大小。默认属性值为 SizeToFit，即调整图标大小以适应菜单项。该属性的另一个属性值为 None，即不调整图标大小。

⑧ShortcutKeys 属性：与菜单项关联的快捷键。单击该属性后的下拉按钮，出现如图 4.42 所示的设置页面，用于设置菜单项的快捷组合键。设置时，可以选择 Ctrl、Shift、Alt 3 个功能键的任意组合（注意，Shift 键不能单独使用）作为修饰符；在"键"下拉列表框中选择快捷键，其中包括键盘可输入的任何字符。完成设置后即可使用所设置的快捷键调用菜单项的功能。该属性的默认值为 None。

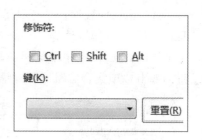

图 4.42

注意：ShortcutKeys 属性所设置的快捷键与使用"&"设置的组合键，虽然都是通过设定的键盘操作完成与鼠标单击相同的功能，但是在本质上二者是不同的。"&"设置的组合键只有在菜单项可见的情况下才可使用，所以不能称之为快捷键；而 ShortcutKeys 属性所设置的快捷键无论菜单项是否可见，都可以使用。

⑨ShowShortCutKeys 属性：指示是否在菜单项上显示快捷键。默认值为 true，即在菜单项上按照 ShowShortCutKeys 属性的设置显示快捷键。

5. MenuItem 菜单项的常用事件

①Click 事件：单击菜单项时触发。
②DropDownClosed 事件：关闭菜单项的子菜单时触发的操作。
③DropDownItemClicked 事件：单击菜单项的子菜单中任何一项时触发的操作。
④DropDownOpened 事件：菜单项的子菜单打开之后触发的操作。
⑤DropDownOpening 事件：打开菜单项的子菜单时触发的操作。

6. 菜单设计举例

【例 4-31】 设计一个下拉式菜单实现两个数的加、减、乘和除运算。窗体设计界面如图 4.43 所示。设计的菜单层次如下：

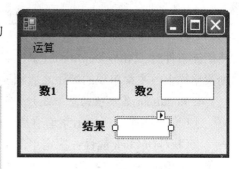

图 4.43

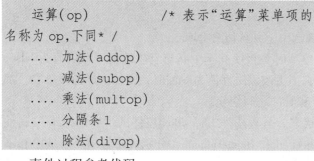

事件过程参考代码：

```
private void addop_Click(object sender,EventArgs e)
{    int n;
     n = Convert.ToInt16(textBox1.Text) +
     Convert.ToInt16(textBox2.Text);
     textBox3.Text = n.ToString();
```

```
}
private void subop_Click(object sender,EventArgs e)
{    int n;
     n = Convert.ToInt16(textBox1.Text)*
     Convert.ToInt16(textBox2.Text);
     textBox3.Text = n.ToString();
}

private void mulop_Click(object sender,EventArgs e)
{    int n;
     n = Convert.ToInt16(textBox1.Text)*
     Convert.ToInt16(textBox2.Text);
     textBox3.Text = n.ToString();
}

private void divop_Click(object sender,EventArgs e)
{    int n;
     n = Convert.ToInt16(textBox1.Text)/
      Convert.ToInt16(textBox2.Text);
     textBox3.Text = n.ToString();
}
private void op_Click(object sender,EventArgs e)
{    if(textBox2.Text == "" || Convert.ToInt16(textBox2.Text) == 0)
         divop.Enabled = false;
     else
         divop.Enabled = true;
}
```

运行界面如图 4.44 所示。

【例 4-32】 RTF 文件编辑器主菜单设计。

①新建一个名为 MenuStripExample 的 Windows 应用程序项目，调整窗体到适当大小；设置 Text 属性为"RTF 编辑器-主菜单"。

②向窗体中添加一个 MenuStrip 控件，单击鼠标右键，在快捷菜单中单击"插入标准项"命令，并对标准菜单项进行删减：删去"文件"、"编辑"主菜单项中的某些子项，"工具"主菜单项及其所有子项，"帮助"主菜单项的所有子项；选择"文件"主菜单项下的"打开"子菜单项，单击鼠标右键，取消"Enabled"的选中（该项是默认选中的），使该项在初始状态下不可选；再向窗体中添加一个 RichTextBox 控件，调整其大小以适应窗体，窗体界面及控件属性如图 4.45 所示。

图 4.44

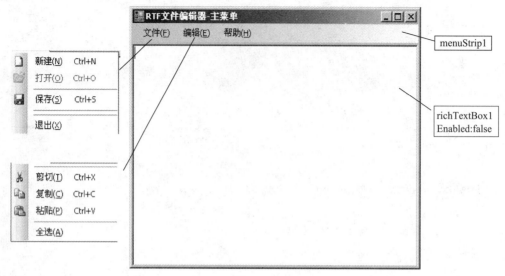

图 4.45

③分别双击各菜单项,添加其 Click 事件,代码如下:

```
private void 新建NToolStripMenuItem_Click(object sender,EventArgs e)
{
    richTextBox1.Enabled = true;
    richTextBox1.Clear();
    richTextBox1.Focus();
}


private void 打开OToolStripMenuItem_Click(object sender,EventArgs e)
{
  richTextBox1.Enabled = true;
richTextBox1.LoadFile("d:\\mypad.rtf",RichTextBoxStreamType.RichText);
}


private void 保存SToolStripMenuItem_Click(object sender,EventArgs e)
{
    //将文本框的内容保存为 d:mypad.rtf,并清除文本框中的内容给出提示信息
richTextBox1.SaveFile("d:\\mypad.rtf",RichTextBoxStreamType.RichText);
    richTextBox1.Clear();
    MessageBox.Show("文件已保存于mypad.rtf!");
    //使"打开"菜单项可用,用于打开文件 mypad.rtf
    打开OToolStripMenuItem.Enabled = true;
}
```

```csharp
private void 剪切TToolStripMenuItem_Click(object sender,EventArgs e){
        richTextBox1.Cut();
}
private void 复制CToolStripMenuItem_Click(object sender,EventArgs e)
{
        richTextBox1.Copy();
}
private void 粘贴PToolStripMenuItem_Click(object sender,EventArgs e)
{
        richTextBox1.Paste();
}
private void 全选AToolStripMenuItem_Click(object sender,EventArgs e)
{
        richTextBox1.SelectAll();
}
private void 帮助HToolStripMenuItem_Click(object sender,EventArgs e)
{
        MessageBox.Show("正在建设中...");
}
private void 退出XToolStripMenuItem_Click(object sender,EventArgs e){
        this.Close();
}
```

④按 F5 键编译并运行，尝试利用主菜单对文件进行各种编辑操作，尝试进行剪切、复制、粘贴等操作。程序运行初始界面如图 4.46 所示。单击"文件"→"打开"命令，如图 4.47 所示。

图 4.46

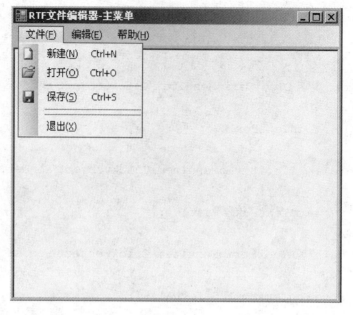

图 4.47

二、上下文菜单控件 ContexMenuStrip

ContextMenuStrip 控件的功能是制作右键快捷菜单。注意：该控件是为其他控件服务的，不能单独使用。当向窗体中添加一个 ContextMenuStrip 控件，会在窗体顶端出现与 MenuStrip 控件相似的菜单栏，所以也就不能在菜单栏上添加任何菜单项，只能在子菜单中编辑各菜单项。编辑完成的 ContextMenuStrip 控件只有在窗体或相关控件的"ContextMenuStrip"属性中与其建立关联，才可以在程序运行时用鼠标右键单击对应控件，弹出该快捷菜单。

【例 4 – 33】 RTF 文件编辑器快捷菜单设计。

①新建一个名为 ContextMenuStripExample 的 Windows 应用程序项目，调整窗体到适当大小；设置 Text 属性为"RTF 文件编辑器 – 快捷菜单"。

②向窗体中添加一个 ContextMenuStrip 控件、一个 RichTextBox 控件、一个 StatusStrip 控件和一个 Timer 控件，Timer 控件用于在状态栏定时显示当前时间，其 Interval 属性设置为 1 000 ms。在"设计"视图下，窗体界面及控件属性如图 4.48 所示，其中快捷菜单中各菜单项的"Name"属性自上而下依次为"大字体（toolStripMenuItem）"、"小字体（toolStripMenuItem）"、"红色字体（toolStripMenuItem）"、"蓝色字体（toolStripMenuItem）"、"绿色字体（toolStripMenuItem）"、"打开文件（toolStripMenuItem）"、"保存文件（toolStripMenuItem）"。Text 属性自上而下依次为"大字体"、"小字体"、"红色字体"、"蓝色字体"、"绿色字体"、"打开文件"、"保存文件"，如图 4.48 所示。

③分别双击 ContextMenuStrip 控件中的各菜单项，添加其 Click 事件，代码如下：

```
private void 大字体ToolStripMenuItem_Click(object sender,EventArgs e)
{
    FontFamily oldFontFamily = richTextBox1.SelectionFont.FontFamily;
    richTextBox1.SelectionFont = new Font(oldFontFamily,24);
```

Windows应用程序 第④章

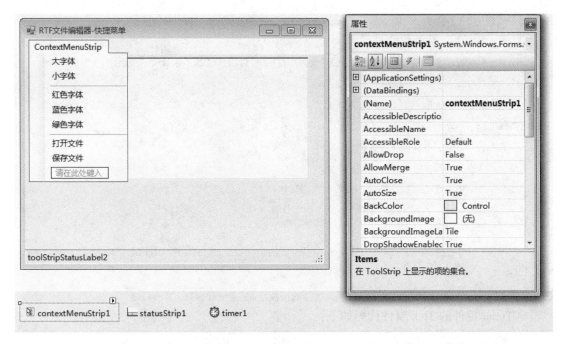

图 4.48

```
    }

    private void 小字体ToolStripMenuItem_Click(object sender,EventArgs e)
    {
            FontFamily oldFontFamily = richTextBox1.SelectionFont.FontFamily;
            richTextBox1.SelectionFont = new Font(oldFontFamily,8);
    }

    private void 红色字体ToolStripMenuItem_Click(object sender,EventArgs e)
    {
            richTextBox1.SelectionColor = Color.Red;
    }
    private void 蓝色字体ToolStripMenuItem_Click(object sender,EventArgs e)
    {
            richTextBox1.SelectionColor = Color.Blue;
    }

    private void 绿色字体ToolStripMenuItem_Click(object sender,EventArgs e)
    {
```

115

```
            richTextBox1.SelectionColor=Color.Green;
    }
    private void 保存文件ToolStripMenuItem_Click(object sender,EventArgs e)
    {
        richTextBox1.SaveFile("d:\\source.rtf",RichTextBoxStreamType.RichText);
    }

    private void 打开文件toolStripMenuItem_Click(object sender,EventArgs e)
    {
        richTextBox1.LoadFile("d:\\source.rtf",RichTextBoxStreamType.RichText);
    }
```

④Timer 控件的 Tick 事件代码如下：

```
    private void timer1_Tick(object sender,EventArgs e)
    {
        toolStripStatusLabel2.Text="当前时间是:"+System.DateTime.Now;
    }
```

⑤按 F5 键编译并执行，如图 4.49 所示。尝试利用快捷菜单对 richTextBox1 中的文本进行各种操作。

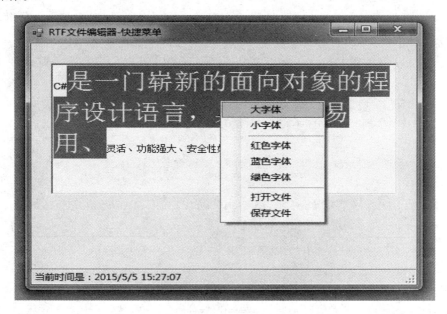

图 4.49

4.4 多文档界面（MDI）

C#允许在单个容器窗体中创建包含多个子窗体的多文档界面（MDI）。多文档界面的典型例子是 Microsoft Office 中的 Word 和 Excel，在那里允许用户同时打开多个文档，每个文档占用一个窗体，用户可以在不同的窗体间切换，处理不同的文档。

一、MDI 窗体的特性

在项目中使用 MDI 窗体时，通常将一个 MDI 容器窗体作为父窗体，父窗体可以将多个子窗体包容在它的工作区之中。MDI 父窗体与其子窗体之间表现出如下的特性：

①MDI 的容器窗体（父窗体）必须且只能有一个，它只能当容器使用，其客户区用于显示子窗体，客户区不能接受键盘和鼠标事件。

②不要在容器窗体的客户区加入控件，否则那些控件会显示在子窗体中。

③容器窗体的框架区可以有菜单、工具栏和状态栏等控件。

④子窗体可以有多个，各个子窗体不必相同。

⑤子窗体被显示在容器窗体的客户区之中，子窗体不可能被移出容器窗体的客户区之外。

⑥子窗体被最小化后，其图标在容器窗体的底部，而不是在任务栏中。

⑦容器窗体被最小化后，子窗体随同容器窗体一起被最小化在任务栏中。

⑧容器窗体被还原后，子窗体随同容器窗体一起还原，并保持最小化之前的状况。

⑨子窗体可以单独关闭，但若关闭容器窗体，子窗体随同容器窗体一起被关闭。

⑩子窗体可以有菜单，但子窗体显示后，其菜单被显示在容器窗体上。

二、MDI 窗体的设计过程

1. MDI 容器窗体

只要将窗体的 IsMdiContainer 属性设置为 true，它就是容器窗体。为此，在窗体的 Load 事件中加入以下语句：

```
this.IsMdiContainer = true;
```

容器窗体在显示后，其客户区是凹下的，等待子窗体显示在下凹区。不要在容器窗体的客户区设计任何控件。

2. MDI 子窗体

MDI 子窗体就是一般的窗体，其上可以设计任何控件，此前设计过的任何窗体都可以作为 MDI 子窗体。

只要将某个窗体实例的 MdiParent 属性设置到一个 MDI 父窗体，它就是那个父窗体的子窗体，语法为：

```
窗体实例名.MdiParent = 父窗体对象;
```

例如，在一个 MDI 父窗体的某个事件处理程序中，创建一个子窗体实例 formChild1 并将其显示在 MDI 父窗体的客户区中：

```
FormChild formChild1 = new FormChild();
formChild1.MdiParent = this;
```

```
formChild1.Show();
```

其中窗体类 FormChild 是一个一般的普通窗体。

三、MDI 窗体的菜单处理

可以分别为 MDI 父窗体和子窗体设计菜单。父窗体显示时，会显示自己的菜单。当子窗体显示在 MDI 父窗体中时，会将当前活动的子窗体的菜单显示在父窗体上，子窗体的菜单项与父窗体的菜单项合并，共同组成 MDI 父窗体的菜单。在默认的情况下，子窗体的菜单被排列在父窗体的菜单后面。

通过设置各个菜单项的 MergeOrder 属性和 MergeType 属性，可以控制父窗体菜单与子窗体菜单合并组成的新菜单的顺序和菜单的组合方式。

MergeOrder 属性：菜单项的 MergeOrder 属性决定菜单项被组合到新菜单中的排列位置，这个属性值是一个整型数。所有菜单项的 MergeOrder 值不必连续，只需要能区分出大小就行。

MergeType 属性：菜单项的 MergeType 属性决定菜单项被组合到新菜单中的组合形式，这个属性值是 MenuMerge 类型的枚举量，这些枚举量的含义见表 4.9。

表 4.9

枚举值	含义
Add	菜单项被添加到新菜单中
Replace	菜单项替换合并菜单中相同位置的现有菜单项
MergeItems	该菜单项的所有子菜单项与合并菜单中相同位置现有菜单项的子菜单项进行合并
Remove	菜单项被从合并菜单中移出

若要在父窗体上仅显示当前活动的子窗体的菜单，需要将父窗体的 Menu 属性指定到这个子窗体的主菜单。例如，在父窗体中有这样的语句：

```
this.Menu = formChild1.Menu;
```

this 是父窗体，formChild1 是当前活动的子窗体。这样，当子窗体 formChild1 活动时，父窗体上显示的是子窗体 formChild1 的菜单，而父窗体自己的菜单却不显示。

四、MDI 窗体的显示控制

1. 在 MDI 父窗体中显示子窗体

通常将 MDI 父窗体作为项目的主窗体，用户登录后，这个窗体就被启动。在 MDI 父窗体中显示子窗体的方法很简单，创建任何一个窗体的实例，指定本窗体为它的父窗体，就可以将这个实例显示在 MDI 父窗体中。例如，在 MDI 父窗体中的第一个菜单项单击代码中将本窗体设置为子窗体实例 formChild1 的父窗体。

```
private void menuItem1_Click(object sender,
        System.EventArgs e)
{
```

```
        FormChild1 formChild1 = new FormChild1();
        formChild1.MdiParent = this;
        formChild1.Show();
}
```

上述 menuItem1_Click 事件处理程序代码能够创建子窗体的实例并显示在 MDI 父窗体中。倘若用户不断地单击该菜单项，将不断有同类新的子窗体实例被创建并显示，形成重复的子窗体实例在父窗体内堆积，浪费系统资源，造成数据冲突。为了在 MDI 父窗体中检测某子窗体实例是否已经存在，可以定义一个 ExistsMdiChildrenInstance() 方法来实现。在该方法中，利用 MdiChildren.Name 来核对从参数传入的子窗体类型，若存在该子窗体的实例，激活它并返回 true；若不存在，返回 false。程序代码如下。

```
pivate bool ExistsMdiChildrenInstance(string MdiChildrenClassName)
{
        //遍历每一个 MDI 子窗体实例
        foreach(Form childFrm in this.MdiChildren)
        {
                //若子窗体的类型与实参相同,则存在该类的实例
                if(childFrm.Name == MdiChildrenClassName)
                {
                        //若该窗体实例被最小化了
                        if(childFrm.WindowState == FormWindowState.Minimized)
                        {
                                //最大化这个实例
                                childFrm.WindowState = FormWindowState.Maximized;
                        }
                        //激活该窗体实例
                        childFrm.Activate();
                        return true;
                }
        }
        return false;
}
```

有了这个方法，每当在 MDI 父窗体创建一个子窗体实例之前，先调用这个方法来检测该类子窗体实例的存在性。倘若已存在这个实例，激活它，使之占据前台，并返回一个 true；若不存在这个实例，返回一个 false。调用者根据这个返回值来确定是否需要创建这个子窗体的实例。回过头来修改 menuItem1_Click 事件处理程序，子窗体重复堆积的问题就可迎刃而解。代码如下。

```
private void menuItem1_Click(object sender,System.EventArgs e)
```

```
    {
        //若不存在 FormModiInfo 窗体的实例
        if(!ExistsMdiChildrenInstance("FormChild1"))
        {
            FormChild1 formChild1 = new FormChild1();
            formChild1.MdiParent = this;
            formChild1.Show();
        }
    }
```

2. 子窗体在 MDI 父窗体中的排列

在默认的情况下，MDI 多个子窗体显示后，被层叠排列在父窗体的工作区中，子窗体的菜单按照各菜单项的 MergeOrder 属性和 MergeType 属性设置，被合并到父窗体的菜单中。当子窗体被最大化后，其标题栏也被合并到父窗体中，标题文本 Text 被接在父窗体的标题文本之后，并被放在一对 [ ] 之中，窗体控制框被放置在父窗体的菜单栏中。

父窗体的 LayoutMdi 方法可以改变子窗体在 MDI 父窗体中的排列方式，该方法的参数是一个 MdiLayout 类型的枚举值，通过这些枚举值来指定子窗体以何种形式排列在父窗体的工作区之中。MdiLayout 类型的枚举值见表 4.10。

表 4.10

枚举值	含义
ArrangeIcons	所有的子窗体均排列在 MDI 父窗体工作区之中
Cascade	所有的子窗体均层叠在 MDI 父窗体工作区之中
TileHorizontal	所有的子窗体均水平平铺在 MDI 父窗体工作区之中
TileVertical	所有的子窗体均垂直平铺在 MDI 父窗体工作区之中

例如，在 MDI 父窗体中有语句 this.LayoutMdi(MdiLayout.TileHorizontal);，该窗体中的所有子窗体将被水平平铺在它的工作区中。

五、MDI 窗体创建实例

【例 4-34】 创建一个简单的 MDI 项目。设计 1 个主窗体和 3 个子窗体，通过菜单新建或打开子窗体，并实现子窗体的各种排列功能。

①在菜单上选择"文件"→"新建"→"项目"，创建一个 Windows 窗体应用程序，项目名自定。

②将窗体 form1 的 IsMdiContainer 属性设置为 True，form1 即设置为父窗体。此时，父窗体的客户区域变为灰暗色，并呈现下陷效果，这是 MDI 父窗体的标准外观。

③往窗体 form1 中添加一个 MenuStrip 控件，设计 form1 的菜单栏，如图 4.50 和图 4.51 所示。

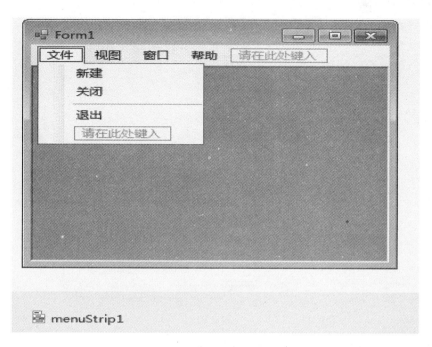

图 4.50

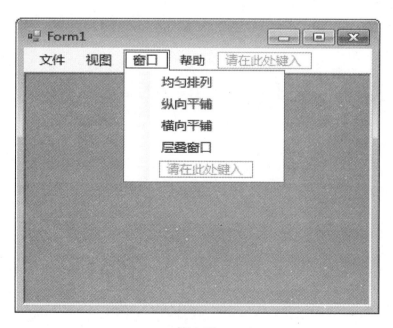

图 4.51

④在"解决方案资源管理器中"右击该项目,指向"添加",单击"Windows 窗体",此窗体将作为 MDI 子窗体的模板。在"添加新项"对话框中,从右侧窗格选择"Windows 窗体"。在"名称"框中,命名窗体 form2。单击"添加"按钮,将该窗体添加到项目中,如图 4.52 所示。

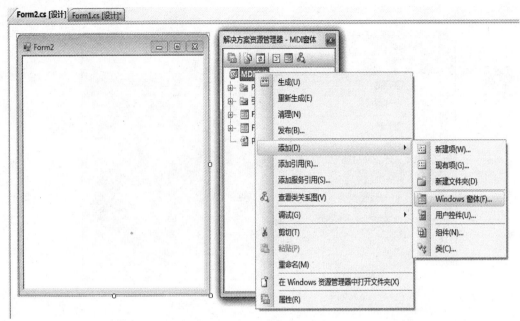

图 4.52

⑤分别为各菜单项编写相应的事件代码。代码如下：

```
namespace MDI 窗体
{
    public partial class Form1:Form
    {
        public Form1()
        {
            InitializeComponent();
        }
        private int intSubFormCount;        //定义一个计数器
        private void Form1_Load(object sender,EventArgs e)
        //初始创建三个子窗体
        {
            intSubFormCount = 0;
            NewSubForm();                   //调用方法 NewSubForm
            NewSubForm();
            NewSubForm();
        }
        private void NewSubForm()           //自定义创建子窗体的方法
        {
            intSubFormCount ++;
            Form2 frmSub = new Form2();
```

```csharp
        frmSub.Text = "子窗体" + intSubFormCount.ToString();
        frmSub.MdiParent = this;
        frmSub.Show();
    }

    private void 新建ToolStripMenuItem_Click(object sender,EventArgs e)
    {
        NewSubForm();
    }

    private void 关闭ToolStripMenuItem_Click(object sender,EventArgs e)
    {
        if(this.ActiveMdiChild! = null)
            this.ActiveMdiChild.Close();
    }

    private void 层叠窗口ToolStripMenuItem_Click(object sender, EventArgs e)
    {
        this.LayoutMdi(MdiLayout.Cascade);
    }

    private void 横向平铺ToolStripMenuItem_Click(object sender, EventArgs e)
    {
        this.LayoutMdi(MdiLayout.TileHorizontal);
    }

    private void 纵向平铺ToolStripMenuItem_Click(object sender, EventArgs e)
    {
        this.LayoutMdi(MdiLayout.TileVertical);
    }

    private void 均匀排列ToolStripMenuItem_Click(object sender, EventArgs e)
    {
```

```
            this.LayoutMdi(MdiLayout.ArrangeIcons);
        }

        private void 退出ToolStripMenuItem_Click(object sender,EventArgs e)
        {
            Application.Exit();
        }
    }
}
```

⑥按 F5 键运行程序，观察运行效果。部分运行效果如图 4.53 和图 4.54 所示。

图 4.53

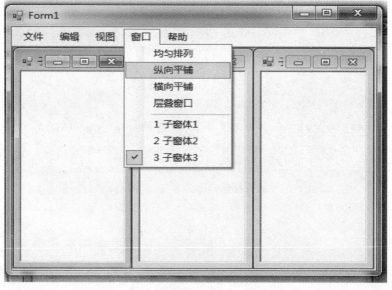

图 4.54

4.5 项目一 记事本

本项目介绍如何使用 Visual C# 2008 设计一个 Windows 应用程序——记事本，通过学习，可以进一步掌握 MenuStrip（菜单）、ToolStrip（工具栏）、RichTextBox（高级文本框）和 StatusStrip（状态栏控件）等控件的使用，以及如何使用 CommonDialog（公共对话框）实现对文本的存取、格式设置等操作。

4.5.1 项目简介

记事本是一种常用的软件，在微软的 Windows 中，自带了一个记事本软件。Windows XP 下的记事本软件如图 4.55 所示。

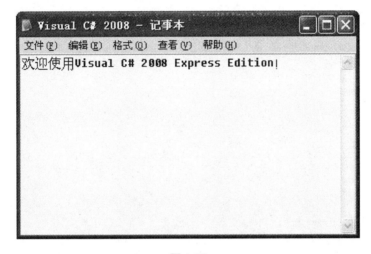

图 4.55

本项目介绍的记事本，除了实现了 Windows 自带的记事本的部分功能外，还可以任意更改字体的字体类型、大小和颜色，并在状态栏中显示时间。为了方便用户的操作，还在程序的窗体上放置了一个工具栏。

该记事本程序具有文件的新建、打开、保存功能，文字的复制、粘贴、删除功能，字体类型、格式的设置功能，查看日期时间等功能，并且用户可以根据需要显示或者隐藏工具栏和状态栏。

4.5.2 记事本程序的设计与实现的步骤和方法

一、记事本界面设计

新建一个 Windows 应用程序，并命名为"Notepad"。

新建好"Notepad"项目后，定位到记事本程序的窗体设计器窗口，然后依次在窗体上放置以下控件：

①MenuStrip（菜单控件）。
②ToolStrip（工具栏控件）。
③RichTextBox（多格式文本框控件）。
④StatusStrip（状态栏控件）。
⑤OpenFileDialog（打开对话框）。
⑥SaveFileDialog（保存对话框）。
⑦FontDialog（字体对话框）。
⑧Timer（计时器控件）。

最终的用户界面如图 4.56 所示（设置好属性后），其中 MenuStrip 控件、ToolStrip 控件、StatusStrip 控件、OpenFileDialog 对话框、SaveFileDialog 对话框、FontDialog 对话框和 Timer 控件显示在窗体设计器下方的组件板上。

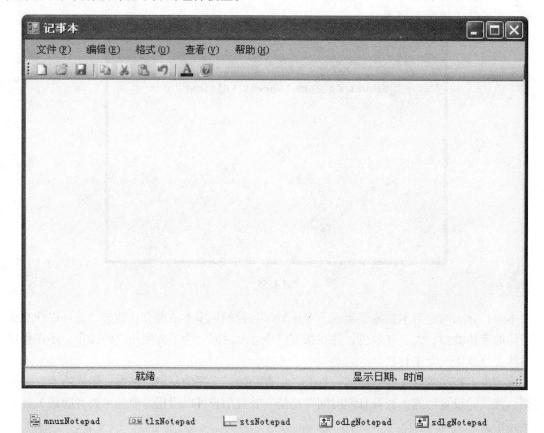

图 4.56

二、属性设置

1. 窗体的属性设置

首先在"解决方案资源管理器"中将默认的窗体"Form1.cs"重命名为"frmNotepad.cs"，然后再设置窗体的其他属性，见表 4.11。

表 4.11

控件类型	控件名称	属性	设置结果
Form	Form1	Name	frmNotepad
		Text	记事本
		StartPosition	CenterScreen
		Size	600，450

2. MenuStrip 的属性设置

将菜单控件 MenuStrip 的 Name 属性设为"mnusNotepad"，按照前面介绍的方法设计好下拉菜单，它共有"文件（F）"、"编辑（E）"、"格式（O）"、"查看（V）"和"帮助（H）"5 个下拉子菜单，各子菜单如图 4.57 所示。

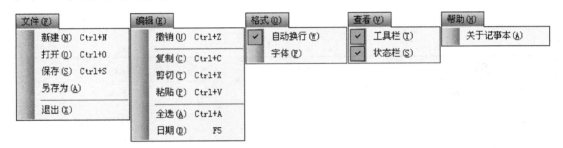

图 4.57

下面用表格的形式给出各子菜单及其菜单项的属性设置。"文件"菜单用于完成新建、打开、保存文件等功能。"文件（F）"菜单的属性设置见表 4.12。

表 4.12

Text 属性	Name 属性	ShortcutKeys 属性	ShowShortcutKeys 属性
文件（&F）	tsmiFile	None	—
新建（&N）	tsmiNew	Ctrl + N	True
打开（&O）	tsmiOpen	Ctrl + O	True
保存（&S）	tsmiSave	Ctrl + S	True
另存为（&A）	tsmiSaveAs	None	—
分隔符			
退出（&X）	tsmiClose	None	—

"编辑"菜单用于完成撤销编辑操作，以及复制、剪切和粘贴等功能。"编辑（E）"菜单的属性设置见表 4.13。

表 4.13

Text 属性	Name 属性	ShortcutKeys 属性	ShowShortcutKeys 属性
编辑（&E）	tsmiEdit	None	—
撤销（&U）	tsmiUndo	Ctrl + Z	True

续表

Text 属性	Name 属性	ShortcutKeys 属性	ShowShortcutKeys 属性
分隔符			
复制（&C）	tsmiCopy	Ctrl + C	True
剪切（&T）	tsmiCut	Ctrl + X	True
粘贴（&P）	tsmiPaste	Ctrl + V	True
分隔符			
全选（&A）	tsmiSelectAll	Ctrl + A	True
日期（&D）	tsmiDate	F5	True

"格式"菜单用于设置记事本中文本内容的格式，如字体和是否自动换行。"格式（O）"菜单的属性设置见表4.14。

表 4.14

Text 属性	Name 属性	Check 属性
格式（&O）	tsmiFormat	False
自动换行（&W）	tsmiAuto	True
字体（&F）	tsmiFont	False

"查看"菜单用于设置记事本程序界面中是否显示工具栏和状态栏。"查看（V）"菜单的属性设置见表4.15。

表 4.15

Text 属性	Name 属性	Checked 属性
查看（&V）	tsmiView	False
工具栏（&T）	tsmiToolStrip	True
状态栏（&S）	tsmiStatusStrip	True

"帮助"菜单仅有一个菜单项，用户单击该菜单项弹出一个 Windows 窗体，显示记事本的一些如版本号的相关信息。"帮助（H）"菜单的属性设置见表4.16。

表 4.16

Text 属性	Name 属性
帮助（&H）	tsmiHelp
关于记事本（&A）	tsmiAbout

3. ToolStrip 的属性设置

首先将工具栏控件 ToolStrip 的 Name 属性设为"tlsNotepad"，打开其属性窗口，然后单击属性 `Items (Collection)` 右边的按钮，打开"项集合编辑器"，在下拉列表中选择默认的"Button"，依次添加9个 Button 并重命名，再在下拉列表中选择"Separator"，添加两个分隔符,并上移至适当的位置,按照表 4.14 所示的信息设置好各子项的属性后,如图 4.58 所示。

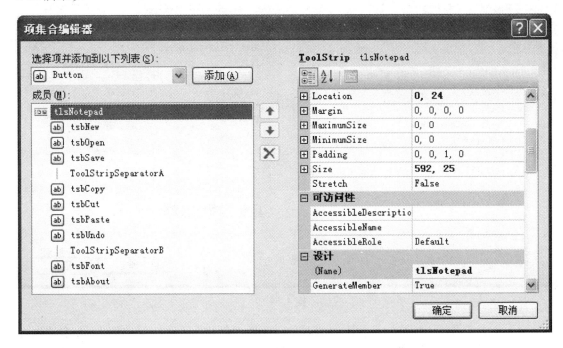

图 4.58

从图 4.58 中可以看出,一共添加了 9 个按钮和 2 个分隔符,设置各子项的属性,见表 4.17。

表 4.17

Name 属性	ToolTipText 属性
tsbNew	新建
tsbOpen	打开
tsbSave	保存
ToolStripSeparatorA	说明:工具栏中按钮之间的分隔符
tsbCopy	复制
tsbCut	剪切
tsbPaste	粘贴
tsbUndo	撤销
ToolStripSeparatorB	说明:工具栏中按钮之间的分隔符
tsbFont	字体
tsbAbout	关于记事本

说明:设置工具栏中各子项 ToolTipText 属性的方法为:选中某子项后,拉动右边的滚动条,找到 ToolTipText 属性,修改其文本内容即可,如图 4.59 所示。

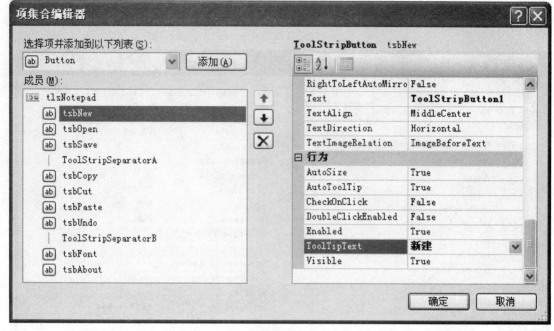

图 4.59

接下来为工具栏中的按钮设置不同的图片,选择"新建"(tsbNew)按钮,在右边属性窗口中找到 Image System.Drawin... 属性,然后单击右边的...按钮,设置为标准的文本新建图标(该图标可以在项目文件夹中的"图标"文件夹中找到);按同样的方法设置其他按钮的 Image 属性,效果如图 4.56 所示。

说明:因为记事本程序工具栏中使用的按钮都是非常常见的,因此也可以在窗体的工具栏中单击右键(或者在窗体设计器下方的组件板上右击 tlsNotepad 图标),然后在弹出的菜单中选择"插入标准项"菜单项,这时可以看到工具栏中添加了一些标准的工具,如图 4.60 所示。

图 4.60

接下来根据程序本身的需要,对添加的标准工具子项进行增加和删除,再设置好各子项的属性即可。

4. RichTextBox 的属性设置

添加一个 RichTextBox 控件,将控件的大小调整为接近窗体的边缘,并将其 Name 属性设为"rtxtNotepad",Anchor 属性选择"Top,Bottom,Left,Right",这样当窗体大小改变时,RichTextBox 控件的大小也会跟着改变,如图 4.61 所示。

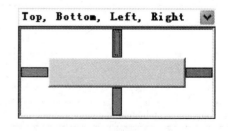

图 4.61

5. StatusStrip 的属性设置

添加 StatusStrip 控件,将其 Name 属性设为"stsNotepad",将 Dock 属性设为"Bottom",再将 Anchor 属性设为"Bottom,Left,Right"。

然后单击 Items (Collection) 右边的 按钮，打开"项集合编辑器"对话框，如图 4.62 所示。

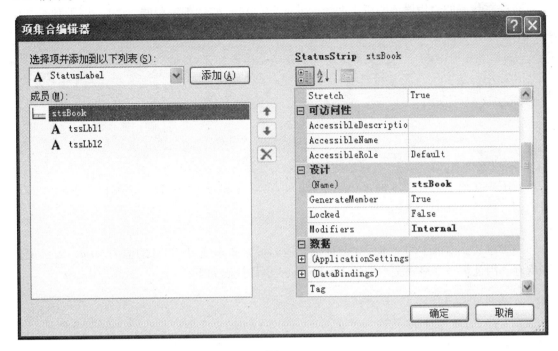

图 4.62

下拉列表中保留默认的选择"StatusLabel"，然后单击"添加"按钮，依次添加 2 个 StatusLabel，并分别命名为"tssLbl1"和"tssLbl2"，再将 tssLbl1 的 Text 属性设为"就绪"，tssLbl2 的 Text 属性设为"显示日期、时间"。

6. OpenFileDialog 的属性设置

当用户单击记事本的"文件"→"打开"菜单项时，使用打开对话框 OpenFileDialog 打开文件。OpenFileDialog 控件的 Name 属性为"odlgNotepad"，Filter 属性设为"RTF 文件| *.rtf|所有文件|*.*"。

7. SaveFileDialog 的属性设置

当用户单击记事本的"文件"→"保存"（或"另存为"）菜单项时，使用保存对话框 SaveFileDialog 保存文件。SaveFileDialog 控件的 Name 属性为"sdlgNotepad"，FileName 属性改为"无标题"，Filter 属性设为"RTF 文件|*.rtf"。

8. FontDialog 的属性设置

当用户单击记事本的"格式"→"字体"菜单项时，使用字体对话框 FontDialog 设置文本字体。FontDialog 控件的 Name 属性为"fdlgNotepad"。

9. Timer 的属性设置

本项目介绍的记事本在状态栏中显示了时钟，这就需要使用一个 Timer 控件来实现。Timer 控件的 Name 属性设为"tmrNotepad"，Enabled 属性设为"True"，Interval 属性设为"1000"，表示 1 秒种触发一次 Tick 事件，即 1 秒钟改变一次时钟。

设置好所有的属性后，最终的用户界面如图 4.56 所示。到此，用户界面设计完毕，接下来介绍具体的实现过程及源代码的编写。

三、编写程序代码

首先在代码的通用段声明以下两个公共变量，它们都是布尔型的，"b"用于判断文件是新建的还是从磁盘打开的，"s"用于判断文件是否被保存。

```
/* 布尔变量 b 用于判断文件是新建的还是从磁盘打开的，
   true 表示文件是从磁盘打开的,false 表示文件是新建的,默认值为 false*/
bool b = false;
/* 布尔变量 s 用于判断文件是否被保存，
   true 表示文件已经被保存了,false 表示文件未被保存,默认值为 true*/
bool s = true;
```

接下来介绍多格式文本框（rtxtNotepad）、菜单（mnusNotepad）、工具栏（tlsNotepad）、计时器（tmrNotepad）对象的程序代码。

1. 多格式文本框代码

当多格式文本框中的文本发生改变后，应当设置布尔变量"s"的值为false，表示文件未保存，因此编写多格式文本框的TextChanged事件代码如下：

```
//多格式文本框的 TextChanged 事件代码
private void rtxtNotepad_TextChanged(object sender,EventArgs e)
{
    //文本被修改后,设置 s 为 false,表示文件未保存
    s = false;
}
```

2. 菜单代码

（1）"文件（F）"菜单

"文件（F）"菜单的功能是完成文件的新建、打开、保存、另存为功能，以及退出记事本程序。下面对各个菜单项的源代码进行详细的说明。

① "新建（N）"菜单项。

单击该菜单项时新建一个空白文档，首先应该判断文件是从磁盘打开的还是新建的，若从磁盘打开，则将前面定义的变量（b）设为"true"，否则设为"false"。这样做可以根据这个变量对文件进行相应的操作。并且每次保存文件后，都要将前面定义的变量（s）设为"true"，表示文件已经被保存。

单击新建菜单时，如果当前文件是从磁盘打开的，并且已经过修改，则要按OpenFileDialog控件的路径来保存文件。

如果是新建的文件且内容不为空，则需要用SaveFileDialog控件来保存文件，"新建（N）"菜单项的代码如下：

```
//"新建"菜单代码
private void tsmiNew_Click(object sender,EventArgs e)
{
    //判断当前文件是否从磁盘打开,或者新建时文档不为空,并且文件未被保存
```

```
        if(b==true || rtxtNotepad.Text.Trim()!="")
        {
            //若文件未保存
            if(s==false)
            {
                string result;
                result=MessageBox.Show("文件尚未保存,是否保存?",
                    "保存文件",MessageBoxButtons.YesNoCancel).ToString();
                switch(result)
                {
                    case "Yes":
                        //若文件是从磁盘打开的
                        if(b==true)
                        {
                            //按文件打开的路径保存文件
                            rtxtNotepad.SaveFile(odlgNotepad.FileName);
                        }
                        //若文件不是从磁盘打开的
                        else if(sdlgNotepad.ShowDialog()==DialogResult.OK)
                        {
                            rtxtNotepad.SaveFile(sdlgNotepad.FileName);
                        }
                        s=true;
                        rtxtNotepad.Text="";
                        break;
                    case "No":
                        b=false;
                        rtxtNotepad.Text="";
                        break;
                }
            }
        }
```

② "打开（O）"菜单项。

单击该菜单项时，如果是要从磁盘或其他设备打开"*.rtf"文件，同样要做出判断，所不同的是，判断后用 OpenFileDialog 控件打开文件，并且每次保存文件后，都要将前面定义的变量（s）设为"true"，表示文件已经被保存。代码如下：

```
//"打开"菜单代码
```

```csharp
private void tsmiOpen_Click(object sender,EventArgs e)
{
    if(b==true || rtxtNotepad.Text.Trim()!="")
    {
        if(s==false)
        {
            string result;
            result=MessageBox.Show("文件尚未保存,是否保存?",
                "保存文件",MessageBoxButtons.YesNoCancel).ToString();
            switch(result)
            {
                case "Yes":
                    if(b==true)
                    {
                        rtxtNotepad.SaveFile(odlgNotepad.FileName);
                    }
                    else if(sdlgNotepad.ShowDialog()==DialogResult.OK)
                    {
                        rtxtNotepad.SaveFile(sdlgNotepad.FileName);
                    }
                    s=true;
                    break;
                case "No":
                    b=false;
                    rtxtNotepad.Text="";
                    break;
            }
        }
    }
    odlgNotepad.RestoreDirectory=true;
    if((odlgNotepad.ShowDialog() == DialogResult.OK) && odlgNotepad.FileName!="")
    {
        rtxtNotepad.LoadFile(odlgNotepad.FileName);
        b=true;
    }
    s=true;
}
```

③ "保存(S)"菜单项。

单击此菜单项保存文本框的内容,需要判断该文件是从磁盘打开还是新建的,如果是从磁盘打开的,则要判断是否有更改,只有有更改时才进行保存操作,否则不做任何处理。如果是新建的文档,就调用 SaveFileDialog 控件保存文件,然后把 bool 变量 b 改为 "true",同时,把 SaveFileDialog 控件的文件路径赋给 OpenFileDialog 控件,这样下次打开文件时,文件路径默认为刚刚保存文件的路径,并且每次保存文件后,都要将前面定义的变量(s)设为"true",表示文件已经被保存。代码如下:

```
//"保存"菜单代码
private void tsmiSave_Click(object sender,EventArgs e)
{
    //若文件从磁盘打开并且修改了其内容
    if(b==true && rtxtNotepad.Modified==true)
    {
        rtxtNotepad.SaveFile(odlgNotepad.FileName);
        s=true;
    }
    else if(b==false && rtxtNotepad.Text.Trim()!="" &&
        sdlgNotepad.ShowDialog()==DialogResult.OK)
    {
        rtxtNotepad.SaveFile(sdlgNotepad.FileName);
        s=true;
        b=true;
        odlgNotepad.FileName=sdlgNotepad.FileName;
    }
}
```

④ "另存为(A)"菜单项。

将文件另存为后,要将前面定义的变量(s)设为"true",表示文件已经被保存。本菜单项的代码如下:

```
//"另存为"菜单代码
private void tsmiSaveAs_Click(object sender,EventArgs e)
{
    if(sdlgNotepad.ShowDialog()==DialogResult.OK)
    {
        rtxtNotepad.SaveFile(sdlgNotepad.FileName);
        s=true;
    }
}
```

⑤ "退出(X)"菜单项。

本菜单项的功能是退出记事本程序,代码如下:

```csharp
//"退出"菜单代码
private void tsmiClose_Click(object sender,EventArgs e)
{
    Application.Exit();
}
```

(2)"编辑(E)"菜单

"编辑(E)"菜单用于完成撤销(撤销最近一次对文本框的编辑操作)、复制(复制选中的文本内容)、剪切(剪切选中的文本内容)、粘贴(粘贴剪贴板中的内容)、全选(选中多格式文本框中所有的内容)以及将当前日期追加至文本文件的功能。"编辑(E)"菜单各菜单项的单击事件代码如下:

```csharp
//"撤销"菜单代码
private void tsmiUndo_Click(object sender,EventArgs e)
{
    rtxtNotepad.Undo();
}


//"复制"菜单代码
private void tsmiCopy_Click(object sender,EventArgs e)
{
    rtxtNotepad.Copy();
}


//"剪切"菜单代码
private void tsmiCut_Click(object sender,EventArgs e)
{
    rtxtNotepad.Cut();
}


//"粘贴"菜单代码
private void tsmiPaste_Click(object sender,EventArgs e)
{
    rtxtNotepad.Paste();
}


//"全选"菜单代码
private void tsmiSelectAll_Click(object sender,EventArgs e)
{
    rtxtNotepad.SelectAll();
```

```
}

//"日期"菜单代码
private void tsmiDate_Click(object sender,EventArgs e)
{
    rtxtNotepad.AppendText(System.DateTime.Now.ToString());
}
```

(3)"格式(O)"菜单

"格式(O)"菜单用于设置打开或新建的文本内容是否自动换行,以及设置字体的格式功能。

①"自动换行(W)"菜单项。

此菜单项的 Checked 属性默认为"True",文本内容按照文本框的宽度自动换行,否则只按段落标记换行。"自动换行(W)"菜单项的代码如下:

```
//"自动换行"菜单代码
private void tsmiAuto_Click(object sender,EventArgs e)
{
    if(tsmiAuto.Checked==false)
    {
        tsmiAuto.Checked=true;            //选中该菜单项
        rtxtNotepad.WordWrap=true;        //设置为自动换行
    }
    else
    {
        tsmiAuto.Checked=false;
        rtxtNotepad.WordWrap=false;
    }
}
```

②"字体(F)"菜单项。

单击此菜单项时,弹出字体对话框以调整选择内容的字体、颜色等属性,因此需要使用前面添加的 FontDialog 控件来实现。"字体(F)"菜单项的单击事件代码如下:

```
//"字体"菜单代码
private void tsmiFont_Click(object sender,EventArgs e)
{
    fdlgNotepad.ShowColor=true;
    if(fdlgNotepad.ShowDialog()==DialogResult.OK)
    {
        rtxtNotepad.SelectionColor=fdlgNotepad.Color;
        rtxtNotepad.SelectionFont=fdlgNotepad.Font;
```

        }
    }

(4)"查看(V)"菜单

"查看(V)"菜单用于设置记事本上是否显示工具栏和状态栏。这两个菜单项默认情况下是被选中的,可以通过单击相应的菜单项设置不同的显示效果。

①"工具栏(T)"菜单项。

该菜单项用于控制工具栏的显示和隐藏,默认状态下显示工具栏。当隐藏时,应当修改多格式文本框的位置和高度。代码如下:

```csharp
//"工具栏"菜单代码
private void tsmiToolStrip_Click(object sender,EventArgs e)
{
    Point point;
    if(tsmiToolStrip.Checked==true)
    {
        //隐藏工具栏时,把坐标设为(0,24),因为菜单的高度为24
        point=new Point(0,24);
        tsmiToolStrip.Checked=false;
        tlsNotepad.Visible=false;
        //设置多格式文本框左上角位置
        rtxtNotepad.Location=point;
        //隐藏工具栏后,增加文本框高度
        rtxtNotepad.Height+=tlsNotepad.Height;
    }
    else
    {
        /* 显示工具栏时,多格式文本框左上角位置的坐标为(0,49),
           因为工具栏的高度为25,加上菜单的高度24后为49*/
        point=new Point(0,49);
        tsmiToolStrip.Checked=true;
        tlsNotepad.Visible=true;
        rtxtNotepad.Location=point;
        rtxtNotepad.Height-=tlsNotepad.Height;
    }
}
```

②"状态栏(S)"菜单项。

该菜单项用于控制状态栏的显示和隐藏,默认状态下显示状态栏。当隐藏时,应当修改多格式文本框的高度。代码如下:

```csharp
//"状态栏"菜单代码
private void tsmiStatusStrip_Click(object sender,EventArgs e)
{
    if(tsmiStatusStrip.Checked == true)
    {
        tsmiStatusStrip.Checked = false;
        stsNotepad.Visible = false;
        rtxtNotepad.Height + = stsNotepad.Height;
    }
    else
    {
        tsmiStatusStrip.Checked = true;
        stsNotepad.Visible = true;
        rtxtNotepad.Height - = stsNotepad.Height;
    }
}
```

(5)"帮助(H)"菜单

本菜单只有一个菜单项——"关于记事本(A)",该菜单项调用一个窗体(frmAbout)显示本程序的一些相关信息,并用 LinkLabel 控件设置链接,通过它可以方便地发送 E-mail。frmAbout 窗体的设计将在下一段落(四、关于记事本)中详细的介绍。

设计好 frmAbout 窗体后,为了显示该窗体,需要编写"关于记事本(A)"菜单项的单击事件代码,如下:

```csharp
//"关于记事本"菜单代码
private void tsmiAbout_Click(object sender,EventArgs e)
{
    frmAbout ob_FrmAbout = new frmAbout();
    ob_FrmAbout.Show();
}
```

四、关于记事本

单击 Visual C# 2008 的"项目"→"Windows 窗体"菜单项,如图 4.63 所示,添加一个名为"frmAbout"的窗体。

1. 界面设计

给窗体"frmAbout"添加 Label、Button、LinkLabel 和 PictrueBox 控件,按照表 4.18 给出的信息设置好属性后的程序界面如图 4.64 所示。

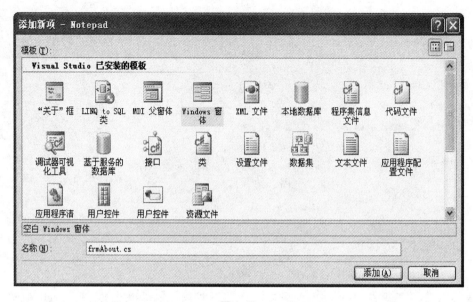

图 4.63

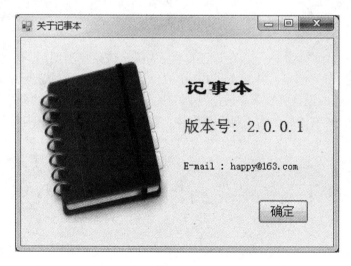

图 4.64

"关于记事本"窗体和窗体上各控件的属性设置见表 4.18。

表 4.18

控件类型	控件名称	属性	设置结果
Form	Form2	Name	frmAbout
		Text	关于记事本
		StartPosition	CenterScreen
		MaximizeBox	False
		AutoSizeMode	GrowAndShrink

续表

控件类型	控件名称	属性	设置结果
PictureBox	PictureBox1	Image	选择记事本图标文件
Button	Button1	Name	btnok
		Text	确定
Label	Label1	Text	记事本
	Label2	Text	版本号：2.0.0.1
LinkLabel	LinkLabel1	Name	llblEMail
		Text	E-Mail：happy@163.com
		LinkArea	7, 16

2. 编写代码

本部分的代码很简单，单击"确定"按钮关闭本窗体，并且利用 LinkLabel 控件调用 Windows 的 OutLook 发送 E-mail。代码如下：

```csharp
//"关于记事本"代码
//"确定"按钮
private void btnOk_Click(object sender,EventArgs e)
{
    this.Close();
}

//使用 LinkLabel 发送电子邮件
private void llblEmail_LinkClicked ( object sender, LinkLabelLinkClickedEventArgs e)
{
    System.Diagnostics.Process.Start("mailto:happy@163.com");
}
```

五、工具栏代码

工具栏提供了一些快捷按钮，用来方便用户的操作，用户按下按钮相当于选择了某个菜单项，用 switch 语句实现。双击工具栏的空白部位，编写工具栏的 ItemClicked 事件代码如下：

```csharp
//工具栏的 ItemClicked 事件代码
private void tlsNotepad_ItemClicked ( object sender, ToolStripItemClickedEventArgs e)
{
    int n;
    //变量 n 用来接收按下按钮的索引号
```

```
            n = tlsNotepad.Items.IndexOf(e.ClickedItem);
            switch(n)
            {
                case 0:
                    tsmiNew_Click(sender,e);
                    break;
                case 1:
                    tsmiOpen_Click(sender,e);
                    break;
                case 2:
                    tsmiSave_Click(sender,e);
                    break;
                case 4:
                    tsmiCopy_Click(sender,e);
                    break;
                case 5:
                    tsmiCut_Click(sender,e);
                    break;
                case 6:
                    tsmiPaste_Click(sender,e);
                    break;
                case 7:
                    tsmiUndo_Click(sender,e);
                    break;
                case 9:
                    tsmiFont_Click(sender,e);
                    break;
                case 10:
                    tsmiAbout_Click(sender,e);
                    break;
            }
        }
```

六、计时器代码

要在状态栏的 tssLbl2 中显示当前时间，需要编写计时器控件的 Tick 事件（每秒钟触发一次），代码如下：

```
//计时器控件的 Tick 事件代码
private void tmrNotepad_Tick(object sender,EventArgs e)
```

```
        {
            tssLbl2.Text = System.DateTime.Now.ToString();
        }
```

七、窗体代码

在改变窗体大小时（例如最大化窗口或使用鼠标改变窗口大小），为了使状态栏中的标签也随之改变其宽度，应当编写窗体的 SizeChanged 事件，代码如下：

```
//窗体的 SizeChanged 事件代码
private void frmNotepad_SizeChanged(object sender,EventArgs e)
{
    frmNotepad ob_frmNotepad = new frmNotepad();
    tssLbl1.Width = this.Width/2 -12;
    tssLbl2.Width = tssLbl1.Width;
}
```

4.5.3 运行记事本程序

编写完程序代码，运行程序，查看运行效果。

● 实训 4

1. 设计 Windows 应用程序，实现 A!＋B!＋C! 的运算并输出运算结果（如图 4.65 所示）。

图 4.65

2. 设计 Windows 应用程序,根据单选按钮和复选框的选择,分别显示时间和日期(如图 4.66 所示)。提示:需要利用定时器 Timer。

图 4.66

第 5 章

GDI + 图像编程

本章主要介绍使用 C#进行图形图像编程基础，其中包括 GDI + 绘图基础、C#图像处理基础以及简单的图像处理技术。

5.1 GDI + 绘图基础

编写图形程序时，需要使用 GDI（Graphics Device Interface，图形设备接口）。从程序设计的角度看，GDI 包括两部分：一部分是 GDI 对象，另一部分是 GDI 函数。GDI 对象定义了 GDI 函数使用的工具和环境变量，而 GDI 函数使用 GDI 对象绘制各种图形。在 C#中，进行图形程序编写时用到的是 GDI +（Graphice Device Interface Plus，图形设备接口）版本，GDI + 是 GDI 的进一步扩展，它使编程更加方便。

5.1.1 GDI + 概述

GDI + 是微软公司在 Windows 2000 以后操作系统中提供的新的图形设备接口，其通过一套部署为托管代码的类来展现，这套类被称为 GDI + 的"托管类接口"。GDI + 主要提供了以下三类服务：

①二维矢量图形：GDI + 提供了存储图形基元自身信息的类（或结构体）、存储图形基元绘制方式信息的类以及实际进行绘制的类。

②图像处理：大多数图片都难以划定为直线和曲线的集合，无法使用二维矢量图形方式进行处理。因此，GDI + 提供了 Bitmap、Image 等类，它们可用于显示、操作和保存 BMP、JPG、GIF 等图像格式。

③文字显示：GDI + 支持使用各种字体、字号和样式来显示文本。

要进行图形编程，就必须先了解 Graphics 类，同时还必须掌握 Pen、Brush 和 Rectangle 这几种类。

GDI + 比 GDI 优越主要表现在两个方面：GDI + 通过提供新功能（例如渐变画笔和 alpha 混合）扩展了 GDI 的功能；修订了编程模型，使图形编程更加简易灵活。

5.1.2　Graphics 类

　　Graphics 类封装一个 GDI+绘图图面，提供将对象绘制到显示设备的方法，Graphics 与特定的设备上下文关联。画图方法都被包括在 Graphics 类中，在画任何对象（例如 Circle、Rectangle）时，首先要创建一个 Graphics 类实例。这个实例相当于建立了一块画布，有了画布才可以用各种画图方法进行绘图。

　　绘图程序的设计过程一般分为两个步骤：创建 Graphics 对象；使用 Graphics 对象的方法绘图、显示文本或处理图像。

　　通常使用下述三种方法来创建一个 Graphics 对象。

　　方法一：利用控件或窗体的 Paint 事件中的 PainEventArgs

　　在窗体或控件的 Paint 事件中接收对图形对象的引用，作为 PaintEventArgs（PaintEventArgs 指定绘制控件所用的 Graphics）的一部分。在为控件创建绘制代码时，通常会使用此方法来获取对图形对象的引用。

　　例如：

```
//窗体的 Paint 事件的响应方法
private void form1_Paint(object sender,PaintEventArgs e)
{
    Graphics g = e.Graphics;
}
```

也可以直接重载控件或窗体的 OnPaint 方法，具体代码如下：

```
protected override void OnPaint(PaintEventArgs e)
{
    Graphics g = e.Graphics;
}
```

Paint 事件在重绘控件时发生。

　　方法二：调用某控件或窗体的 CreateGraphics 方法

　　调用某控件或窗体的 CreateGraphics 方法以获取对 Graphics 对象的引用，该对象表示该控件或窗体的绘图图面。如果想在已存在的窗体或控件上绘图，通常会使用此方法。

　　例如：

```
Graphics g = this.CreateGraphics();
```

　　方法三：调用 Graphics 类的 FromImage 静态方法

　　由从 Image 继承的任何对象创建 Graphics 对象。在需要更改已存在的图像时，通常会使用此方法。

　　例如：

```
//名为"g1.jpg"的图片位于当前路径下
Image img = Image.FromFile("g1.jpg");//建立 Image 对象
Graphics g = Graphics.FromImage(img);//创建 Graphics 对象
```

1. Graphics 类的方法成员

有了一个 Graphics 的对象引用后，就可以利用该对象的成员进行各种各样图形的绘制，表 5.1 列出了 Graphics 类的常用方法成员。

表 5.1

名称	说明
DrawArc	画弧
DrawBezier	画立体的贝尔塞曲线
DrawBeziers	画连续立体的贝尔塞曲线
DrawClosedCurve	画闭合曲线
DrawCurve	画曲线
DrawEllipse	画椭圆
DrawImage	画图像
DrawLine	画线
DrawPath	通过路径画线和曲线
DrawPie	画饼形
DrawPolygon	画多边形
DrawRectangle	画矩形
DrawString	绘制文字
FillEllipse	填充椭圆
FillPath	填充路径
FillPie	填充饼图
FillPolygon	填充多边形
FillRectangle	填充矩形
FillRectangles	填充矩形组
FillRegion	填充区域

在 .NET 中，GDI+ 的所有绘图功能都包括在 System、System.Drawing、System.Drawing.Imaging、System.Drawing.Darwing2D 和 System.Drawing.Text 等命名空间中，因此，在开始用 GDI+类之前，需要先引用相应的命名空间。

2. 引用命名空间

在 C#应用程序中，使用 using 命令引用给定的命名空间或类，下面是一个 C#应用程序引用命名空间的例子：

```
using System;
using System.Collections.Generic;
using System.Data;
using System.ComponentModel;
```

```
using System.Drawing;
using System.Drawing.Drawing2D;
using System.Drawing.Imaging;
```

5.1.3 常用画图对象

在创建了 Graphics 对象后，就可以用它开始绘图了，可以画线、填充图形、显示文本等，其中主要用到的对象还有：

Pen：用来用 patterns、colors 或者 bitmaps 进行填充。
Color：用来画线和多边形，包括矩形、圆和饼形。
Font：用来给文字设置字体格式。
Brush：用来描述颜色。
Rectangle：矩形结构通常用来在窗体上画矩形。
Point：描述一对有序的 x,y 两个坐标值。

1. Pen 类

Pen 用来绘制指定宽度和样式的直线。使用 DashStyle 属性绘制几种虚线，可以使用各种填充样式（包括纯色和纹理）来填充 Pen 绘制的直线，填充模式取决于画笔或用作填充对象的纹理。

使用画笔时，需要先实例化一个画笔对象，主要有以下几种方法。
用指定的颜色实例化一支画笔的方法如下：

```
public Pen(Color);
```

用指定的画刷实例化一支画笔的方法如下：

```
public Pen(Brush);
```

用指定的画刷和宽度实例化一支画笔的方法如下：

```
public Pen(Brush,float);
```

用指定的颜色和宽度实例化一支画笔的方法如下：

```
public Pen(Color,float);
```

实例化画笔的语句格式如下：

```
Pen pn = new Pen(Color.Blue);
```

或者

```
Pen pn = new Pen(Color.Blue,100);
```

Pen 常用的属性有以下几个，见表 5.2。

表 5.2

名称	说明
Alignment	获得或者设置画笔的对齐方式

续表

名称	说明
Brush	获得或者设置画笔的属性
Color	获得或者设置画笔的颜色
Width	获得或者设置画笔的宽度

2. Color 结构

在自然界中,颜色大都由透明度(A)和三基色(R,G,B)所组成。在 GDI+中,通过 Color 结构封装对颜色的定义。Color 结构中,除了提供(A,R,G,B)外,还提供许多系统定义的颜色,如 Pink(粉颜色),另外,还提供许多静态成员,用于对颜色进行操作。Color 结构的基本属性见表 5.3。

表 5.3

名称	说明
A	获取此 Color 结构的 alpha 分量值,取值为 0~255
B	获取此 Color 结构的蓝色分量值,取值为 0~255
G	获取此 Color 结构的绿色分量值,取值为 0~255
R	获取此 Color 结构的红色分量值,取值为 0~255
Name	获取此 Color 结构的名称,这将返回用户定义的颜色的名称或已知颜色的名称(如果该颜色是从某个名称创建的)。对于自定义的颜色,将返回 RGB 值

Color 结构的基本(静态)方法见表 5.4。

表 5.4

名称	说明
FromArgb	从四个 8 位 ARGB 分量(alpha、红色、绿色和蓝色)值创建 Color 结构
FromKnowColor	从指定的预定义颜色创建一个 Color 结构
FromName	从预定义颜色的指定名称创建一个 Color 结构

Color 结构变量可以通过已有颜色构造,也可以通过 RGB 建立,例如:

```
Color clr1 = Color.FromArgb(122,25,255);
Color clr2 = Color.FromKnowColor(KnowColor.Brown);
//KnownColor 为枚举类型
Color clr3 = Color.FromName("SlateBlue");
```

在图像处理中一般需要获取或设置像素的颜色值。获取一幅图像的某个像素颜色值的具体步骤如下:

①定义 Bitmap。

```
Bitmap myBitmap = new Bitmap("c:\MyImages\TestImage.bmp");
```

②定义一个颜色变量,把在指定位置所取得的像素值存入颜色变量中。

```
Color c = new Color();
c = myBitmap.GetPixel(10,10);  //获取此 Bitmap 中指定像素的颜色
```

③将颜色值分解出单色分量值。

```
int r,g,b;
r = c.R;
g = c.G;
b = c.B;
```

3. Font 类

Font 类定义特定文本格式,包括字体、字号和字形属性。Font 类的常用构造函数是 public Font(string 字体名, float 字号, FontStyle 字形),其中字号和字体为可选项;public Font(string 字体名, float 字号),其中"字体名"为 Font 的 FontFamily 的字符串表示形式。下面是定义一个 Font 对象的例子代码:

```
FontFamily fontFamily = new FontFamily("Arial");
Font font = new Font(fontFamily, 16, FontStyle.Regular, GraphicsUnit.Pixel);
```

字体常用属性见表 5.5。

表 5.5

名称	说明
Bold	是否为粗体
FontFamily	字体成员
Height	字体高
Italic	是否为斜体
Name	字体名称
Size	字体尺寸
SizeInPoints	获取此 Font 对象的字号,以磅为单位
Strikeout	是否有删除线
Style	字体类型
Underline	是否有下划线
Unit	字体尺寸单位

4. Brush 类

Brush 类是一个抽象的基类,因此它不能被实例化,一般用它的派生类进行实例化一个画刷对象。当对图形内部进行填充操作时,就会用到画刷。关于画刷,在 7.1.5 节中有详细讲解。

5. Rectangle 结构

用于存储一组整数,共四个,表示一个矩形的位置和大小。矩形结构通常用来在窗体上

画矩形，除了利用它的构造函数构造矩形对象外，还可以使用 Rectangle 结构的属性成员，其属性成员见表 5.6。

表 5.6

名称	说明
Bottom	底端坐标
Height	矩形高
IsEmpty	测试矩形宽和高是否为 0
Left	矩形左边坐标
Location	矩形的位置
Right	矩形右边坐标
Size	矩形尺寸
Top	矩形顶端坐标
Width	矩形宽
X	矩形左上角顶点 X 坐标
Y	矩形左上角顶点 Y 坐标

Retangle 结构的构造函数有以下两个：

```
//用指定的位置和大小初始化 Rectangle 类的新实例
public Retangle(Point,Size);/* Size 结构存储一个有序整数对,通常为矩形的宽度和高度*/
```

和

```
public Rectangle(int,int,int,int);
```

6. Point 结构

用指定坐标初始化 Point 类的新实例。这个结构很像 C++ 中的 Point 结构，它描述了一对有序的 x，y 两个坐标值，其构造函数为：public Point(int x, int y);，其中 x 为该点的水平位置；y 为该点的水垂直位置。下面是构造 Point 对象的例子代码：

```
Point pt1 = new Point(30,30);
Point pt2 = new Point(110,100);
```

5.1.4 基本图形绘制举例

以下示例中，注意命名空间的引用：

```
using System.Drawing.Drawing2D;
```

同时，可以尝试用多种事件方法实现。

1. 画矩形

【例 5-1】 建立一个项目，在窗体上画一个矩形。在窗体 Form1 的 Paint 事件中编写如下代码：

```
private void Form1_Paint(object sender,PaintEventArgs e)
{
    Graphics g = e.Graphics;
    Rectangle rect = new Rectangle(50,30,100,100);
    LinearGradientBrush lBrush = new LinearGradientBrush(rect,Color.Red,Color.Yellow,LinearGradientMode.BackwardDiagonal);
    g.FillRectangle(lBrush,rect);
}
```

运行结果如图 5.1 所示。

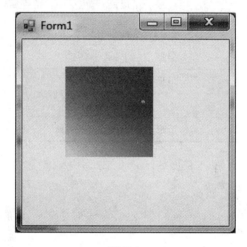

图 5.1

2. 画一条弧

【例 5-2】 画一条弧。

弧形函数格式如下：

```
public void DrawArc(Pen pen,Rectangle rect,Float startArgle,Float sweepAngle);
```

直接在 Form1 类中重载 OnPaint 函数：

```
protected override void OnPaint(PaintEventArgs e)
{
    Graphics g = e.Graphics;
    Pen pn = new Pen(Color.Blue);
    Rectangle rect = new Rectangle(50,50,200,100);
    g.DrawArc(pn,rect,12,84);
}
```

运行结果如图 5.2 所示。

图 5.2

3. 画线

【例 5-3】 画一条线。

```
protected override void OnPaint(PaintEventArgs e)
{
    Graphics g = e.Graphics;
    Pen pn = new Pen(Color.Blue);
    Point pt1 = new Point(30,30);
    Point pt2 = new Point(110,100);
    g.DrawLine(pn,pt1,pt2);
}
```

运行结果如图 5.3 所示。

图 5.3

4. 画椭圆

【例 5-4】 画一个椭圆。

```
protected override void OnPaint(PaintEventArgs e)
{
    Graphics g = e.Graphics;
    Pen pn = new Pen(Color.Blue,100);
    Rectangle rect = new Rectangle(50,50,200,100);
    g.DrawEllipse(pn,rect);
}
```

运行结果如图 5.4 所示。

5. 输出文本

【例 5 - 5】 使用 DrawString 方法绘制文本。代码如下，运行界面如图 5.5 所示。

图 5.4

图 5.5

```
private void button1_Click(object sender,EventArgs e)
{
    Graphics g = this.CreateGraphics();
    Font myfont = new Font("隶书",32);
    Rectangle ret1 = new Rectangle(0,100,500,50);
    LinearGradientBrush brush1 = new LinearGradientBrush(ret1,Color.Blue,Color.Yellow,LinearGradientMode.Vertical);
    g.DrawString("祝大家快乐每一天!",myfont,brush1,ret1);
}
```

6. 填充路径

【例 5 - 6】 填充路径。

```
protected override void OnPaint(PaintEventArgs e)
{
    Graphics g = e.Graphics;
    g.FillRectangle(new SolidBrush(Color.White),ClientRectangle);
```

```
GraphicsPath path = new GraphicsPath(new Point[]{
new Point(40,140),new Point(275,200),
new Point(105,225),new Point(190,300),
new Point(50,350),new Point(20,180),},
new byte[]{
(byte)PathPointType.Start,
(byte)PathPointType.Bezier,
(byte)PathPointType.Bezier,
(byte)PathPointType.Bezier,
(byte)PathPointType.Line,
(byte)PathPointType.Line,
});
PathGradientBrush pgb = new PathGradientBrush(path);
pgb.SurroundColors = new Color[]
  {
  Color.Green,Color.Yellow,Color.Red,Color.Blue,
  Color.Orange,Color.White,
  };
  g.FillPath(pgb,path);
}
```

运行结果如图 5.6 所示。

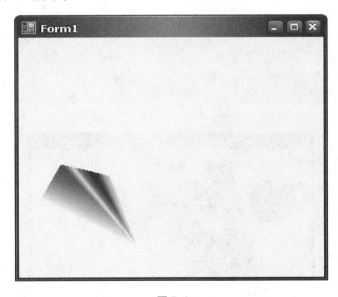

图 5.6

注意：GraphicsPath 类位于命名空间 System.Drawing.Drawing2D 中，表示一系列相互连接的直线和曲线。

5.1.5 画刷和画刷类型

Brush 类型是一个抽象类，所以它不能被实例化，也就是不能直接应用，但是可以利用它的派生类，如 HatchBrush、SolidBrush 和 TextureBrush 等。画刷类型一般在 System.Drawing 命名空间中，如果应用 HatchBrush 和 GradientBrush 画刷，需要在程序中引入 System.Drawing.Drawing2D 命名空间。

1. SolidBrush（单色画刷）

它是一种一般的画刷，通常只用一种颜色去填充 GDI+图形，例如：

```csharp
protected override void OnPaint(PaintEventArgs e)
{
    Graphics g = e.Graphics;
    SolidBrush sdBrush1 = new SolidBrush(Color.Red);
    SolidBrush sdBrush2 = new SolidBrush(Color.Green);
    SolidBrush sdBrush3 = new SolidBrush(Color.Blue);
    g.FillEllipse(sdBrush2,20,40,60,70);
    Rectangle rect = new Rectangle(0,0,200,100);
    g.FillPie(sdBrush3,0,0,200,40,0.0f,30.0f);
    PointF point1 = new PointF(50.0f,250.0f);
    PointF point2 = new PointF(100.0f,25.0f);
    PointF point3 = new PointF(150.0f,40.0f);
    PointF point4 = new PointF(250.0f,50.0f);
    PointF point5 = new PointF(300.0f,100.0f);
    PointF[] curvePoints = {point1,point2,point3,point4,point5};
    g.FillPolygon(sdBrush1,curvePoints);
}
```

运行结果如图 5.7 所示。

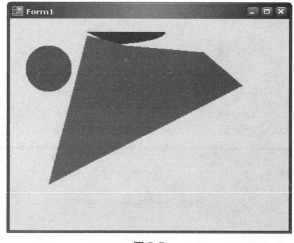

图 5.7

2. HatchBrush（阴影画刷）

HatchBrush 类位于 System. Drawing. Drawing2D 命名空间中。阴影画刷有两种颜色：前景色和背景色，以及 6 种阴影。前景色定义线条的颜色，背景色定义线条之间间隙的颜色。HatchBrush 类有两个构造函数：

```
public HatchBrush(HatchStyle,Color forecolor);
public HatchBrush(HatchStyle,Color forecolor,Color backcolor);
```

HatchStyle 枚举值指定可用于 HatchBrush 对象的不同图案。

HatchStyle 的主要成员见表 5.7。

表 5.7

名称	说明
BackwardDiagonal	从右上到左下的对角线的线条图案
Cross	指定交叉的水平线和垂直线
DarkDownwardDiagonal	指定从顶点到最低点向右倾斜的对角线，其两边夹角比 ForwardDiagonal 小 50%，宽度是其两倍。阴影图案不是锯齿消除的
DarkHorizontal	指定水平线的两边夹角比 Horizontal 小 50%，并且宽度是 Horizontal 的两倍
DarkUpwardDiagonal	指定从顶点到最低点向左倾斜的对角线，其两边夹角比 BackwardDiagonal 小 50%，宽度是其两倍，但这些直线不是锯齿消除的
DarkVertical	指定垂直线的两边夹角比 Vertical 小 50%，并且宽度是其两倍
DashedDownwardDiagonal	指定虚线对角线，这些对角线从顶点到最低点向右倾斜
DashedHorizontal	指定虚线水平线
DashedUpwardDiagonal	指定虚线对角线，这些对角线从顶点到底点向左倾斜
DashedVertical	指定虚线垂直线
DiagonalBrick	指定具有分层砖块外观的阴影，它从顶点到最低点向左倾斜
DiagonalCross	交叉对角线的图案
Divot	指定具有草皮层外观的阴影
ForwardDiagonal	从左上到右下的对角线的线条图案
Horizontal	水平线的图案
HorizontalBrick	指定具有水平分层砖块外观的阴影
LargeGrid	指定阴影样式 Cross
LightHorizontal	指定水平线，其两边夹角比 Horizontal 小 50%
LightVertical	指定垂直线的两边夹角比 Vertical 小 50%
Max	指定阴影样式 SolidDiamond
Min	指定阴影样式 Horizontal
NarrowHorizontal	指定水平线的两边夹角比阴影样式 Horizontal 小 75%（或者比 LightHorizontal 小 25%）

续表

名称	说明
NarrowVertical	指定垂直线的两边夹角比阴影样式 Vertical 小 75%（或者比 LightVertica 小 25%）
OutlinedDiamond	指定互相交叉的正向对角线和反向对角线,但这些对角线不是锯齿消除的
Percent05	指定 5% 阴影。前景色与背景色的比例为 5：100
Percent90	指定 90% 阴影。前景色与背景色的比例为 90：100
Plaid	指定具有格子花呢材料外观的阴影
Shingle	指定带有对角分层鹅卵石外观的阴影,它从顶点到最低点向右倾斜
SmallCheckerBoard	指定带有棋盘外观的阴影
SmallConfetti	指定带有五彩纸屑外观的阴影
SolidDiamond	指定具有对角放置的棋盘外观的阴影
Sphere	指定具有球体彼此相邻放置的外观的阴影
Trellis	指定具有格架外观的阴影
Vertical	垂直线的图案
Wave	指定由代字号"～"构成的水平线
Weave	指定具有织物外观的阴影

下面代码显示了 HatchBrush 画刷的使用。

```
protected override void OnPaint(PaintEventArgs e)
{
    Graphics g = e.Graphics;
    HatchBrush hBrush1 = new HatchBrush(HatchStyle.DiagonalCross,Color.Chocolate,Color.Red);
    HatchBrush hBrush2 = new HatchBrush(HatchStyle.DashedHorizontal,Color.Green,Color.Black);
    HatchBrush hBrush3 = new HatchBrush(HatchStyle.Weave,Color.BlueViolet,Color.Blue);
    g.FillEllipse(hBrush1,20,80,60,20);
    Rectangle rect = new Rectangle(0,0,200,100);
    g.FillPie(hBrush3,0,0,200,40,0.0f,30.0f);
    PointF point1 = new PointF(50.0f,250.0f);
    PointF point2 = new PointF(100.0f,25.0f);
    PointF point3 = new PointF(150.0f,40.0f);
    PointF point4 = new PointF(250.0f,50.0f);
    PointF point5 = new PointF(300.0f,100.0f);
```

```
    PointF[ ]curvePoints ={point1,point2,point3,point4,point5};
    g.FillPolygon(hBrush2,curvePoints);
}
```

运行结果如图 5.8 所示。

图 5.8

3. TextureBrush（纹理画刷）

纹理画刷拥有图案，并且通常使用它来填充封闭的图形。为了对它进行初始化，可以使用一个已经存在的图案，或使用常用的设计程序设计的自己的图案，同时，应该使图案存储为常用图形文件格式，如 BMP 格式文件。这里有一个设计好的位图，被存储为 Papers.bmp 文件。

```
private voidForm1_Paint(object sender,PaintEventArgs e)
{
    Graphics g =e.Graphics;
    //根据文件名创建原始大小的 bitmap 对象
    Bitmap bitmap =new Bitmap("D:\\mm.jpg");
    //将其缩放到当前窗体大小
    bitmap =new Bitmap(bitmap,this.ClientRectangle.Size);
    TextureBrush myBrush =new TextureBrush(bitmap);
    g.FillEllipse(myBrush,this.ClientRectangle);
}
```

运行结果如图 5.9 所示。

4. LinearGradientBrush 和 PathGradientBrush（渐变画刷）

渐变画刷类似于实心画刷，因为它也是基于颜色的。与实心画刷不同的是，渐变画刷使用两种颜色。它的主要特点是：在使用过程中，一种颜色在一端，而另外一种颜色在另一端。在中间位置，两种颜色融合，产生过渡或衰减的效果。

渐变画刷有两种：线性画刷（LinearGradientBrush）和路径画刷（PathGradientBrush）。

其中 LinearGradientBrush 可以显示线性渐变效果；PathGradientBrush 是路径渐变的，可

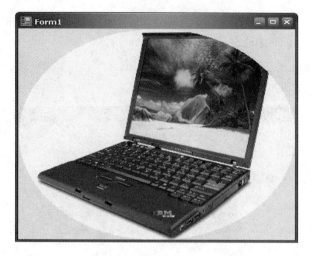

图 5.9

以显示比较有弹性的渐变效果。

(1) LinearGradientBrush 类

LinearGradientBrush 类的构造函数如下:

```
public LinearGradientBrush(Point point1,Point point2,Color color1,Color color2)
```

参数说明:
point1:表示线性渐变起始点的 Point 结构。
point2:表示线性渐变终结点的 Point 结构。
color1:表示线性渐变起始色的 Color 结构。
color2:表示线性渐变结束色的 Color 结构。
代码如下:

```
private void Form1_Paint(object sender,PaintEventArgs e)
{
    Graphics g = e.Graphics;
    LinearGradientBrush myBrush = new LinearGradientBrush(this.ClientRectangle,Color.White,Color.Blue,LinearGradientMode.Vertical);
    g.FillRectangle(myBrush,this.ClientRectangle);
}
```

运行结果如图 5.10 所示。

(2) PathGradientBrush 类

PathGradientBrush 类的构造函数如下:

```
public PathGradientBrush(GraphicsPath path);
```

参数说明:
GraphicsPath,定义此 PathGradientBrush 填充的区域。
例子代码如下:

图 5.10

```
private void Form1_Paint(object sender,PaintEventArgs e)
{
    Graphics g = e.Graphics;
    Point centerPoint = new Point(150,100);
    int R = 60;
    GraphicsPath path = new GraphicsPath();
    path.AddEllipse(centerPoint.X - R,centerPoint.Y - R,2* R,2* R);
    PathGradientBrush brush = new PathGradientBrush(path);
    //指定路径中心点
    brush.CenterPoint = centerPoint;
    //指定路径中心的颜色
    brush.CenterColor = Color.Red;
    //Color 类型的数组指定与路径上每个顶点的颜色
    brush.SurroundColors = new Color[]{Color.Plum};
    g.FillEllipse(brush,centerPoint.X - R,centerPoint.Y - R,2* R,2* R);
    centerPoint = new Point(350,100);
    R = 20;
    path = new GraphicsPath();
    path.AddEllipse(centerPoint.X - R,centerPoint.Y - R,2* R,2* R);
    path.AddEllipse(centerPoint.X - 2* R,centerPoint.Y - 2* R,4* R,4* R);
    path.AddEllipse(centerPoint.X - 3* R,centerPoint.Y - 3* R,6* R,6* R);
    brush = new PathGradientBrush(path);
    brush.CenterPoint = centerPoint;
    brush.CenterColor = Color.Red;
    brush.SurroundColors = new Color[] {Color.Black,Color.Blue,Color.Green};
```

```
        g.FillPath(brush,path);
}
```

运行结果如图 5.11 所示。

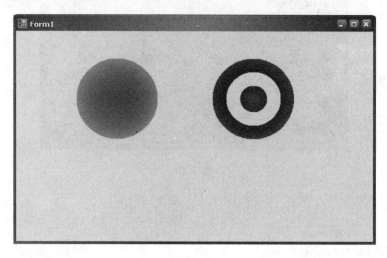

图 5.11

5.2 C#图像处理基础

本节主要介绍 C#图像处理基础知识以及对图像的基本处理方法和技巧，主要包括图像的加载、变换和保存等操作。

5.2.1 C#图像处理概述

1. 图像文件的类型

使用 GDI+可以显示和处理多种格式的图像文件。GDI+支持的图像格式有 BMP、GIF、JPEG、EXIF、PNG、TIFF、ICON、WMF、EMF 等，几乎涵盖了所有的常用图像格式。

2. 图像类

GDI+提供了 Image、Bitmap 和 Metafile 等类用于图像处理，为用户进行图像格式的加载、变换和保存等操作提供了方便。

（1）Image 类

Image 类是为 Bitmap 和 Metafile 的类提供功能的抽象基类。

（2）Metafile 类

定义图形图元文件，图元文件包含描述一系列图形操作的记录，这些操作可以被记录（构造）和被回放（显示）。

（3）Bitmap 类

封装 GDI+位图，此位图由图形图像及其属性的像素数据组成。Bitmap 是用于处理由像素数据定义的图像的对象，它属于 System.Drawing 命名空间。该命名空间提供了对 GDI+基本图形功能的访问。Bitmap 类常用方法和属性见表 5.8。

表 5.8

名称	说明
公共属性	
Height	获取此 Image 对象的高度
RawFormat	获取此 Image 对象的格式
Size	获取此 Image 对象的宽度和高度
Width	获取此 Image 对象的宽度
公共方法	
GetPixel	获取此 Bitmap 中指定像素的颜色
MakeTransparent	使默认的透明颜色对此 Bitmap 透明
RotateFlip	旋转、翻转或者同时旋转和翻转 Image 对象
Save	将 Image 对象以指定的格式保存到指定的 Stream 对象中
SetPixel	设置 Bitmap 对象中指定像素的颜色
SetPropertyItem	将指定的属性项设置为指定的值
SetResolution	设置此 Bitmap 的分辨率

Bitmap 类有多种构造函数，因此可以通过多种形式建立 Bitmap 对象，例如：
从指定的现有图像建立 Bitmap 对象：

`Bitmap box1 = new Bitmap(pictureBox1.Image);`

从指定的图像文件建立 Bitmap 对象，其中 "C:\MyImages \ TestImage.bmp" 为已存在的图像文件。

`Bitmap box2 = new Bitmap("C:\\MyImages \\TestImage.bmp");`

从现有的 Bitmap 对象建立新的 Bitmap 对象：

`Bitmap box3 = new Bitmap(box1);`

5.2.2 图像的输入和保存

1. 图像的输入

在窗体或图形框内输入图像有两种方式：在窗体设计时，使用图形框对象的 Image 属性输入；在程序中，通过打开文件对话框输入。

方法一：窗体设计时，使用图形框对象的 Image 属性输入

窗体设计时，使用对象的 Image 属性输入图像的操作如下：

①在窗体上，建立一个图形框对象（pictureBox1），选择图形框对象属性中的 Image 属性，如图 5.12 所示。

②单击 Image 属性右侧的 "…"，弹出一个 "选择

图 5.12

资源"窗口,在该窗口中选择"本地资源",单击"导入(M)...",将弹出一个"打开"对话框,如图 5.13 所示。

图 5.13

③选择图像文件后,单击"打开"按钮。

方法二:使用"打开文件"对话框输入图像

在窗体上添加一个命令按钮(button1)和一个图形框对象(pictureBox1),双击命令按钮,在响应方法中输入如下代码:

```
private void button1_Click(object sender,EventArgs e)
{
    OpenFileDialog ofdlg = new OpenFileDialog();
    ofdlg.Filter = "BMP File(*.bmp)|*.bmp";
    if(ofdlg.ShowDialog() == DialogResult.OK)
    {
        Bitmap image = new Bitmap(ofdlg.FileName);
        pictureBox1.Image = image;
    }
}
```

执行该程序时,使用"打开文件"对话框,选择图像文件,该图像将会被打开,并显示在 pictureBox1 图像框中。

【例 5-7】 图像输入。

采用方法二来实现图像的输入。

设计步骤如下:

①建立如图 5.14 所示的项目界面,在窗体上加入"打开图像"命令按钮和一个 Picture-Box 控件。

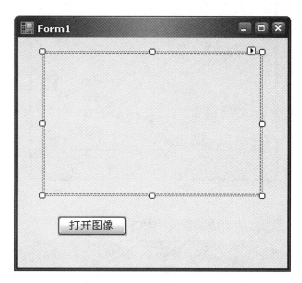

图 5.14

②双击"打开图像"命令按钮,编辑按钮的单击事件响应函数,其代码同方法二中所写代码,在此不再重复。

③运行后单击"打开图像"按钮,弹出一个"打开文件"对话框,选择图像文件名,运行结果如图 5.15 所示。

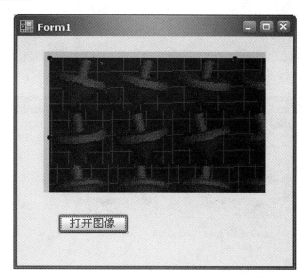

图 5.15

2. 图像的保存

保存图像的步骤如下:

①当使用按钮和保存对话框保存文件时,加入保存按钮和 PictureBox 控件,窗体设计如图 5.16 所示。

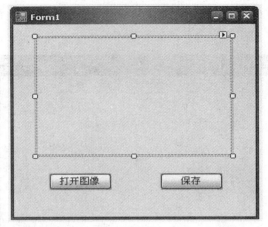

图 5.16

②保存命令钮的单击事件的响应函数代码如下：

```csharp
private void button2_Click(object sender,EventArgs e)
{
    string str;
    Bitmap box1 = new Bitmap(pictureBox1.Image);
    SaveFileDialog sfdlg = new SaveFileDialog();
    sfdlg.Filter = "bmp 文件(*.BMP)|*.BMP|All File(*.*)|*.*";
    sfdlg.ShowDialog();
    str = sfdlg.FileName;
    box1.Save(str);
}
```

执行该过程时，将打开"另存为"对话框，如图 5.17 所示。

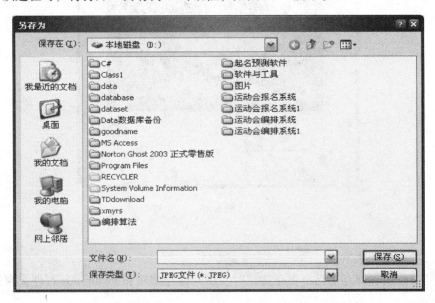

图 5.17

选择图像文件的保存路径。

3. 图像格式的转换

使用 Bitmap 对象的 Save 方法，可以把打开的图像保存为不同的文件格式，从而实现图像格式的转换。在上述例子中添加一个命令按钮，双击该命令按钮，编辑其相应代码如下：

```
private void button3_Click(object sender,EventArgs e)
{
    string str;
    Bitmap box1 = new Bitmap(pictureBox1.Image);
    SaveFileDialog sfdlg = new SaveFileDialog();
    sfdlg.Filter = "bmp 文件(*.jpeg)|*.jpeg|All File(*.*)|*.*";
    sfdlg.ShowDialog();
    str = sfdlg.FileName;
    box1.Save(str,System.Drawing.Imaging.ImageFormat.Jpeg);
}
```

Bitmap 对象的 Save 方法中的第二个参数指定了图像保存的格式。Imaging.ImageFormat 支持的格式见表 5.9。

表 5.9

名称	说明
Bmp	获取位图图像格式（BMP）
Emf	获取增强型 Windows 图元文件图像格式（EMF）
Exif	获取可交换图像文件（Exif）格式
Gif	获取图形交换格式（GIF）图像格式
Guid	获取表示此 ImageForma 对象的 Guid 结构
Icon	获取 Windows 图标图像格式
Jpeg	获取联合图像专家组（JPEG）图像格式
MemoryBmp	获取内存位图图像格式
Png	获取 W3C 可移植网络图形（PNG）图像格式
Tiff	获取标签图像文件格式（TIFF）图像格式
Wmf	获取 Windows 图元文件（WMF）图像格式

5.2.3 图像的拷贝和粘贴

图像拷贝和粘贴是图像处理的基本操作之一，通常有两种方法可完成图像的拷贝和粘贴：一种可以使用剪贴板拷贝和粘贴图像，另一种使用 AxPictureClip 控件拷贝和粘贴图像。下面介绍第一种方法。

剪贴板是在 Windwos 系统中单独预留出来的一块内存，它用来暂时存放要在 Windwos 应用程序间交换的数据。使用剪贴板对象可以轻松实现应用程序间的数据交换，这些数据包括图像或文本。在 C#中，剪贴板通过 Clipboard 类来实现，Clipboard 类的常用方法见表 5.10。

表 5.10

名称	说明
Clear	从剪贴板中移除所有数据
ContainsData	指示剪贴板中是否存在指定格式的数据或可转换成此格式的数据
ContainsImage	指示剪贴板中是否存在 Bitmap 格式或可转换成此格式的数据
ContainsText	已重载。指示剪贴板中是否存在文本数据
GetData	从剪贴板中检索指定格式的数据
GetDataObject	检索当前位于系统剪贴板中的数据
GetFileDropList	从剪贴板中检索文件名的集合
GetImage	检索剪贴板上的图像
GetText	已重载。从剪贴板中检索文本数据
SetAudio	已重载。将 WaveAudio 格式的数据添加到剪贴板中
SetData	将指定格式的数据添加到剪贴板中
SetDataObject	已重载。将数据置于系统剪贴板中
SetImage	将 Bitmap 格式的 Image 添加到剪贴板中
SetText	已重载。将文本数据添加到剪贴板中

剪贴板的使用主要有以下两个步骤：
① 将数据置于剪贴板中。
② 从剪贴板中检索数据。
下面简要介绍剪贴板的使用。
（1）将数据置于剪贴板中
可以通过 SetDataObject 方法将数据置于剪贴板中，SetDataObject 方法有以下三种形式的定义：
① Clipboard.SetDataObject(Object)：将非持久性数据置于系统剪贴板中。由 .NET Compact Framework 支持。
② Clipboard.SetDataObject(Object,Boolean)：将数据置于系统剪贴板中，并指定在退出应用程序后是否将数据保留在剪贴板中。
③ Clboard.SetDataObject(Object,Boolean,Int32,Int32)：尝试指定的次数，以将数据置于系统剪贴板中，且两次尝试之间具有指定的延迟，可以选择在退出应用程序后将数据保留在剪贴板中。
将字符串置于剪贴板中的语句如下：

```
string str = "Mahesh writing data to the Clipboard";
Clipboard.SetDataObject(str);
```

（2）从剪贴板中检索数据

可以通过 GetDataObject 方法从剪贴板中检索数据，它将返回 IdataObject，其定义如下：

```
public static IDataObject GetDataObject();
```

首先使用 IdataObject 对象的 GetDataPresent 方法检测剪贴板上存放的是什么类型的数据，然后使用 IdataObject 对象的 GetData 方法获取剪贴板上相应的数据类型的数据。下面使用 GetDataObject 方法从剪贴板中检索出字符串数据。

例如：

```
IDataObject iData = Clipboard.GetDataObject();
 if(iData.GetDataPresent(DataFormats.Text))
{
   string str =(String)iData.GetData(DataFormats.Text);
}
```

【例 5-8】 使用剪贴板拷贝和粘贴图像。

①建立如图 5.18 所示的窗体。在窗体上加两个图片框控件和两个命令按钮控件。利用第一个图片框的属性窗口为其输入图像。

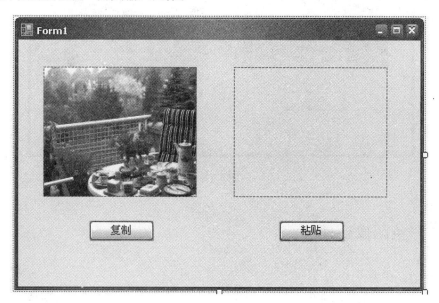

图 5.18

②双击"复制"命令按钮，输入如下代码，将图像置于剪贴板中。

```
private void button1_Click(object sender,EventArgs e)
 {
   Clipboard.SetDataObject(pictureBox1.Image);
 }
```

③双击"粘贴"命令按钮，输入如下代码，从剪贴板中检索出图像，并显示于第二个图片框中。

```
private void button2_Click(object sender,EventArgs e)
{
    IDataObject iData = Clipboard.GetDataObject();
    if(iData.GetDataPresent(DataFormats.Bitmap))
    {
        pictureBox2.Image =(Bitmap)iData.GetData(DataFormats.Bitmap);
    }
}
```

④运行程序,首先单击"复制"命令按钮,然后单击"粘贴"命令按钮,运行结果如图 5.19 所示。

图 5.19

5.2.4 彩色图像处理

1. 图像的分辨率

所谓分辨率,就是指画面的解析度,即由多少像素构成,数值越大,图像也就越清晰。通常看到的分辨率都是以乘法形式表现的,例如 800×600,其中"800"表示屏幕上水平方向显示的点数,"600"表示垂直方向的点数。图像分辨率越大,越能表现更丰富的细节。图像的分辨率决定了图像与原物的逼近程度,对同一大小的图像,其像素数越多,即将图像分割得越细,图像越清晰,分辨率越高;反之,分辨率越低。分辨率的高低取决于采样操作。例如,对于一幅 256×256 分辨率的图像,采用变换的方法可以实现不同分辨率显示。

【例 5-9】 将 256×256 分辨率的图像变换为 64×64 分辨率。

算法说明:将 256×256 分辨率的图像变换为 64×64 分辨率方法是将源图像分成 4×4 的子图像块,然后将该 4×4 子图像块的所有像素的颜色按 F(i,j) 的颜色值进行设定,达到降低分辨率的目的。

建立一个如图 5.20 所示界面的项目,"分辨率"命令按钮的响应方法的代码设计如下:

```csharp
private void button3_Click(object sender,EventArgs e)
{
    Color c = new Color();
    //把图片框中的图片给一个 Bitmap 类型
    Bitmap box1 = new Bitmap(pictureBox1.Image);
    Bitmap box2 = new Bitmap(pictureBox1.Image);
    int r,g,b,size,k1,k2,xres,yres,i,j;
    xres = pictureBox1.Image.Width;
    yres = pictureBox1.Image.Height;
    size = 4;
    for(i = 0;i <= xres - 1;i + = size)
    {
        for(j = 0;j <= yres - 1;j + = size)
        {
            c = box1.GetPixel(i,j);
            r = c.R;
            g = c.G;
            b = c.B;
            //用 FromArgb 把整型转换成颜色值
            Color cc = Color.FromArgb(r,g,b);
            for(k1 = 0;k1 <= size - 1;k1 ++ )
            {
                for(k2 = 0;k2 <= size - 1;k2 ++ )
                {
                    if(i + k1 < pictureBox1.Image.Width)
                        box2.SetPixel(i + k1,j + k2,cc);
                }
            }
        }
    }
    pictureBox2.Refresh();//刷新
    pictureBox2.Image = box2;//图片赋到图片框中
}
```

输入图像分辨率为 256×256 像素,转换为 64×64 分辨率图像,如图 5.20 所示。

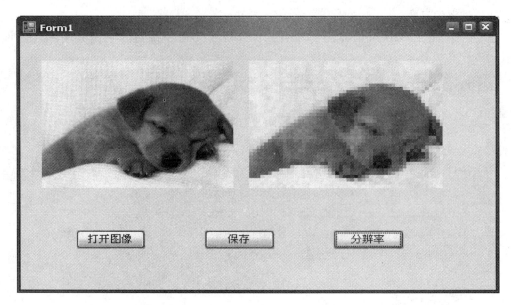

图 5.20

2. 彩色图像变换成灰度图像

（1）彩色位图图像的颜色

图像像素的颜色是由三种基本色颜色，即红（R）、绿（G）、蓝（B）有机组合而成的，这三种颜色称为三基色。每种基色可取 0～255 的值，因此，由三基色可组合成 1 677 万（256×256×256）种颜色，每种颜色都有其对应的 R、G、B 值。例如，常见的几种颜色及其对应的 R、G、B 值见表 5.11。

表 5.11

颜色名	R 值	G 值	B 值
红	255	0	0
蓝	0	0	255
绿	0	255	0
白	255	255	255
黄	255	255	0
黑	0	0	0
青	0	255	255
品红	255	0	255

（2）彩色图像颜色值的获取

在使用 C#系统处理彩色图像时，使用 Bitmap 类的 GetPixel 方法获取图像上指定像素的颜色值，格式为：

```
Color c = new Color();
c = box1.GetPixel(i,j);
```

其中，(i, j) 为获得颜色的坐标位置。GetPixel 方法取得指定位置的颜色值并返回一个长整型的整数。例如，求图片框1中图像在位置（i，j）的像素颜色值c时，可写为：

```
Color c = new Color();
c = box1.GetPixel(i,j);
```

（3）彩色位图颜色值分解

像素颜色值 c 是一个长整型的数值，占4个字节，最上位字节的值为"0"，其他3个下位字节依次为 B、G、R，值为 0~255。

从 c 值分解出 R、G、B 值可直接使用：

```
Color c = new Color();
c = box1.GetPixel(i,j);
r = c.R;
g = c.G;
b = c.B;
```

（4）图像像素颜色的设定

设置像素可使用 SetPixel 方法。用法如下：

```
Color c1 = Color.FromArgb(rr,gg,bb);
Box2.SetPixel(i + k1,j + k2,c1);
```

【例 5-10】 彩色图像生成灰度图像。

算法说明：将彩色图像像素的颜色值分解为三基色 R、G、B，求其和的平均值，然后使用 SetPixel 方法以该平均值参数生成图像。

其相应的代码设计如下：

```
c = b.GetPixel(i,j);
r = c.b;
g = c.G;
b = c.B;
cc = (int)((r + g + b)/3);
if(cc < 0)cc = 0;
f(cc > 255)cc = 255;
Color c1 = Color.FromArgb(cc,cc,cc);
B1.SetPixel(i,j,c1);
```

①在上例中增加一个"灰度图像"命令按钮。
②双击该按钮，编辑其响应方法的代码如下：

```
private void button4_Click(object sender,EventArgs e)
{
    Color c = new Color();
    //把图片框1中的图片定义一个 Bitmap 类型
    Bitmap b = new Bitmap(pictureBox1.Image);
```

```
Bitmap b1 = new Bitmap(pictureBox1.Image);
int rr,gg,bb,cc;
for(int i = 0;i < pictureBox1.Width;i ++)
{
    for(int j = 0;j < pictureBox1.Height;j ++)
    {
        c = b.GetPixel(i,j);
        rr = c.R;
        gg = c.G;
        bb = c.B;
        cc = (int)((rr + gg + bb)/3);
        if(cc < 0)cc = 0;
        if(cc > 255)cc = 255;
        //用 FromArgb 把整型转换成颜色值
        Color c1 = Color.FromArgb(cc,cc,cc);
        b1.SetPixel(i,j,c1);
    }
    pictureBox2.Refresh();//刷新
    pictureBox2.Image = b1;//图片赋给图片框 2
}
```

③运行程序，程序运行结果如图 5.21 所示。

图 5.21

3. 灰度图像处理

【例 5-11】 改善对比度。

算法说明：本例根据特定的输入/输出灰度转换关系，增强了图像灰度，处理后图像的中等灰度值增大，图像变亮。

注意：本例中描述对比度改善的输入、输出灰度值对应关系的程序段为

```
lev=80;
wid=100;
for(x=0;x<256;x+=1)
{
    lut[x]=255;
}
for(x=lev;x<(lev+wid);x++)
{
    dm=((double)(x-lev)/(double)wid)*255f;
    lut[x]=(int)(dm);
}
```

① 在窗体上添加一个"对比度"命令按钮。
② 双击"对比度"命令按钮，编辑代码如下：

```
private void button5_Click(object sender,EventArgs e)
{
    Color c=new Color();
    Bitmap box1=new Bitmap(pictureBox1.Image);
    Bitmap box2=new Bitmap(pictureBox1.Image);
    int rr,x,m,lev,wid;
    int[]lut=new int[256];
    int[,,]pic=new int[600,600,3];
    double dm;
    lev=80;
    wid=100;
    for(x=0;x<256;x+=1)
    {
        lut[x]=255;
    }
    for(x=lev;x<(lev+wid);x++)
    {
        dm=((double)(x-lev)/(double)wid)*255f;
        lut[x]=(int)dm;
    }
```

```
for(int i = 0; i < pictureBox1.Image.Width - 1; i++)
{
    for(int j = 0; j < pictureBox1.Image.Height; j++)
    {
        c = box1.GetPixel(i,j);
        pic[i,j,0] = c.R;
        pic[i,j,1] = c.G;
        pic[i,j,2] = c.B;
    }
}
for(int i = 0; i < pictureBox1.Image.Width - 1; i++)
{
    for(int j = 0; j < pictureBox1.Image.Height; j++)
    {
        m = pic[i,j,0];
        rr = lut[m];
        Color c1 = Color.FromArgb(rr,rr,rr);
        box2.SetPixel(i,j,c1);
    }
    pictureBox2.Refresh();
    pictureBox2.Image = box2;
}
}
```

③运行程序，运行结果如图 5.22 所示。

图 5.22

5.3 项目二 GDI+图形处理

5.3.1 功能描述

设计一个简易 Windows 绘图板（利用 Graphics 对象绘制线条和形状、呈现文本、显示或操作图像）。

能够在 Windows 窗体上绘制出简单的直线、曲线、多边形、填充图形和字符。参考效果如图 5.23 所示。

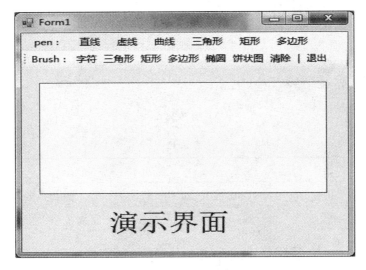

图 5.23

5.3.2 设计步骤及要点解析

（1）创建项目

打开 C#运行环境，创建一个 Windows 应用程序项目，命名为"绘制图形"，此时会出现一个空白窗体 Form1。

（2）设计界面

在"工具箱"中双击菜单 MenuStrip 控件和工具栏 ToolStrip 控件，向窗体添加菜单和工具栏控件。在工具栏设计器中添加 Label 标签控件。添加一个 Panel 容器控件作为绘图区域，并把背景色修改成白色。添加一个 Label 标签控件，并将其 Text 属性修改为演示界面。效果如图 5.24 所示。

对控件的属性进行修改，见表 5.12。

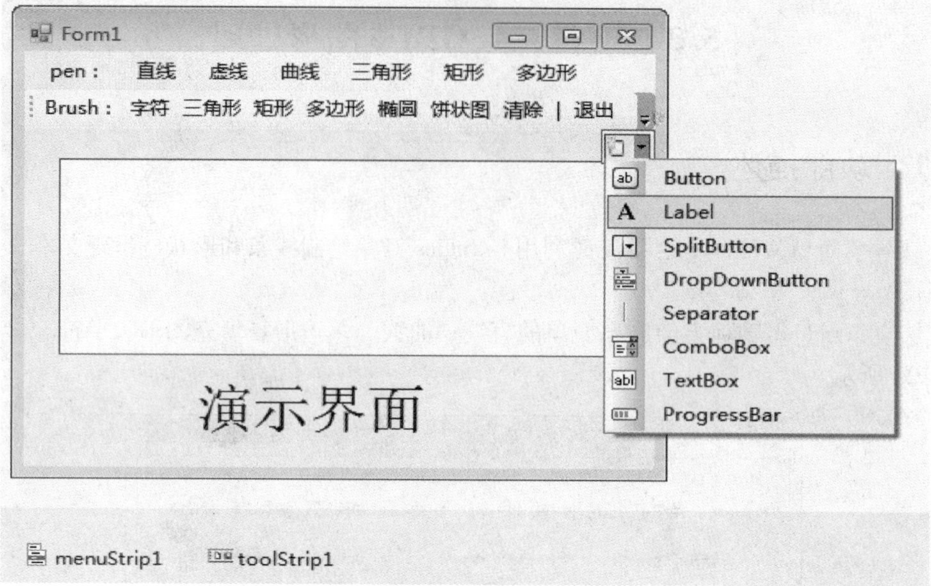

C#程序设计案例教程

图 5.24

表 5.12

控件名称	属性	属性值
MenuStrip	Text	Pen：直线、虚线、曲线、三角形、矩形、多边形
ToolStrip	Text	Brush：字符、三角形、矩形、多边形、椭圆、饼状图、清除、退出
Panel	BorderStyle	FixedSingle
	BackColor	White
Label	Text	演示界面

（3）事件代码

双击相应控件就会自动跳转到其单击事件的代码编辑界面。

参考代码如下：

```
using System;
using System.Collections.Generic;
using System.ComponentModel;
using System.Data;
using System.Drawing;
using System.Linq;
using System.Text;
using System.Windows.Forms;
using System.Drawing.Drawing2D;
```

```csharp
namespace 绘制图形
{
    public partial class Form1:Form
    {
        int r,g,b;
        Random rgb = new Random();
        public Form1()
        {
            InitializeComponent();
        }

        //绘制直线代码：
        private void 直线ToolStripMenuItem1_Click(object sender,EventArgs e)
        {
            Graphics g = panel1.CreateGraphics();
            Pen p = new Pen(Color.Red,2);
            SolidBrush clb = new SolidBrush(Color.White);
            g.FillRectangle(clb,new Rectangle(0,0,317,169));
            g.DrawLine(p,10,10,300,150);
            g.DrawLine(p,10,150,300,10);

        }

        //绘制虚线代码：
        private void toolStripMenuItem2_Click(object sender,EventArgs e)
        {
            panel1.Refresh();
            Random kk = new Random();
            Graphics g = panel1.CreateGraphics();
            Pen p = new Pen(Color.Red,2);
            Color c = Color.FromArgb(kk.Next(0,255),kk.Next(0,255),kk.Next(0,255));
            Point[]points = new Point[10];
            for(int i = 0;i < points.Length;i ++)
            {
                points[i] = new Point(i* 50,(i % 2)* (i/3)* 100);
            }
```

```csharp
            Pen pen = new Pen(c);
            pen.DashStyle = System.Drawing.Drawing2D.DashStyle.Dot;
            g.DrawLines(pen,points);
        }
```

//输出字符代码：

```csharp
        private void toolStripLabel2_Click(object sender,EventArgs e)
        {
            Graphics g = panel1.CreateGraphics();
            SolidBrush b1 = new SolidBrush(Color.Blue);
            LinearGradientBrush b2 = new LinearGradientBrush(ClientRectangle,Color.Red,Color.Blue,LinearGradientMode.Horizontal);
            Font f1 = new Font("Times New Roman",30);
            Font f2 = new Font("Times New Roman",20);
            Font f3 = new Font("Times New Roman",10);
            SolidBrush clb = new SolidBrush(Color.White);
            g.FillRectangle(clb,new Rectangle(0,0,317,169));
            g.DrawString("我爱我的祖国",f1,b2,15,10);
            g.DrawString("人民在我心中",f2,b2,60,70);
            g.DrawString("C#程序设计+GDI+编程+使用Graphics对象绘制线条和图形",f3,b1,new RectangleF(60,120,210,160));
        }
```

//画曲线代码：

```csharp
    private void 曲线ToolStripMenuItem_Click(object sender,EventArgs e)
        {
            Graphics g = panel1.CreateGraphics();
            Pen p = new Pen(Color.Red,2);
            SolidBrush clb = new SolidBrush(Color.White);
            g.FillRectangle(clb,new Rectangle(0,0,317,169));
            g.DrawBezier(p,10,10,100,150,200,10,300,150);
            g.DrawBezier(p,10,10,150,100,10,200,300,150);
        }
```

//空心三角形代码

```csharp
        private void 三角形ToolStripMenuItem_Click(object sender,EventArgs e)
        {
```

```
            Graphics g=panel1.CreateGraphics();
            Pen p=new Pen(Color.Red,2);
            SolidBrush clb=new SolidBrush(Color.White);
            g.FillRectangle(clb,new Rectangle(0,0,317,169));
             g.DrawPolygon(p,new PointF[]{new PointF(150,10),new PointF(10,150),new PointF(300,150)});
             g.DrawPolygon(p,new PointF[]{new PointF(150,150),new PointF(10,10),new PointF(300,10)});
        }

//空心矩形代码:
        private void 矩形ToolStripMenuItem_Click(object sender,EventArgs e)
        {
            Graphics g=panel1.CreateGraphics();
            Pen p=new Pen(Color.Red,2);
            SolidBrush clb=new SolidBrush(Color.White);
            g.FillRectangle(clb,new Rectangle(0,0,317,169));
            g.DrawPolygon(p,new PointF[]{new PointF(50,50),new PointF(200,50),new PointF(200,150),new PointF(50,150)});
        }

//空心多边形代码:
         private void 多边形ToolStripMenuItem_Click(object sender,EventArgs e)
        {
            Graphics g=panel1.CreateGraphics();
            Pen p=new Pen(Color.Red,2);
            SolidBrush clb=new SolidBrush(Color.White);
             g.FillPolygon(clb,new PointF[]{new PointF(100,10),new PointF(200,10),new PointF(290,75),new PointF(200,150),new PointF(100,150),new PointF(10,75)});
        }

//空心椭圆代码:
        private void 椭圆ToolStripMenuItem_Click(object sender,EventArgs e)
        {
            Graphics g=panel1.CreateGraphics();
```

```
            Pen p=new Pen(Color.Red,2);
            SolidBrush clb=new SolidBrush(Color.White);
            g.FillRectangle(clb,new Rectangle(0,0,317,169));
            g.DrawEllipse(p,new Rectangle(50,50,100,50));
            g.DrawEllipse(p,new Rectangle(50,50,50,100));
        }
```

//实心三角形代码:
```
        private void toolStripLabel3_Click(object sender,EventArgs e)
        {
            Graphics g=panel1.CreateGraphics();
            SolidBrush b=new SolidBrush(Color.Blue);
            SolidBrush clb=new SolidBrush(Color.White);
            g.FillRectangle(clb,new Rectangle(0,0,317,169));
             g.FillPolygon(b, new PointF[ ]{new PointF(150,20),new PointF(20,150),new PointF(200,150)});
        }
```

//实心矩形代码:
```
        private void toolStripLabel4_Click(object sender,EventArgs e)
        {
            Graphics g=panel1.CreateGraphics();
            SolidBrush b=new SolidBrush(Color.Blue);
            SolidBrush clb=new SolidBrush(Color.White);
            g.FillRectangle(clb,new Rectangle(0,0,317,169));
            g.FillRectangle(b,new Rectangle(50,10,200,100));
        }
```

//实心多边形代码:
```
        private void toolStripLabel5_Click(object sender,EventArgs e)
        {
            Graphics g=panel1.CreateGraphics();
            SolidBrush b=new SolidBrush(Color.Blue);
            SolidBrush clb=new SolidBrush(Color.White);
            g.FillRectangle(clb,new Rectangle(0,0,317,169));
             g.FillPolygon(b, new PointF[ ]{new PointF(100,10),new PointF(200,10),new PointF(290,75),new PointF(200,150),new PointF(100,150),new PointF(10,75)});
        }
```

//实心椭圆代码:
```
        private void toolStripLabel6_Click(object sender,EventArgs e)
        {
            Graphics g = panel1.CreateGraphics();
            SolidBrush b = new SolidBrush(Color.Blue);
            SolidBrush clb = new SolidBrush(Color.White);
            g.FillRectangle(clb,new Rectangle(0,0,317,169));
            g.FillPie(b,new Rectangle(10,10,120,150),90,180);
            g.FillEllipse(b,100,10,120,60);
            g.FillPie(b,new Rectangle(60,80,200,150),225,90);
        }
```

//清除图形代码:
```
        private void toolStripLabel7_Click(object sender,EventArgs e)
        {
            Graphics clearG = panel1.CreateGraphics();
            clearG.Clear(Color.White);
        }
```

//饼状图代码:
```
        private void toolStripLabel10_Click(object sender,EventArgs e)
        {
            panel1.Refresh();
            Random kk = new Random();
            Graphics g = panel1.CreateGraphics();
            Rectangle rect = new Rectangle(new Point(10,1),new Size(300,200));
            int[]values = new int[]{1,3,5,7,9,8,6,4,2};
            int sum = 0;
            foreach(int value in values){sum + = value;}
            Color c = Color.Empty;
            float startAngle = 0.0f;
            float sweepAngle = 0.0f;
            for(int i = 0;i < values.Length;i ++)
            {
                sweepAngle = values[i]/(float)sum* 360;
                c = Color.FromArgb(kk.Next(0,255),kk.Next(0,255),kk.Next(0,255),kk.Next(0,255));
```

C#程序设计案例教程

```
            g.DrawPie(new Pen(c),rect,startAngle,sweepAngle);
            c = Color.FromArgb(kk.Next(0,255),kk.Next(0,255),
kk.Next(0,255),kk.Next(0,255));
            g.FillPie(new SolidBrush(c),rect,startAngle,sweepAngle);
            startAngle + = values[i]/(float)sum* 360;
        }
    }

//退出代码:
    private void toolStripLabel9_Click(object sender,EventArgs e)
    {
        this.Close();
    }
}
```

（4）运行程序

依次运行，查看效果。

实训 5

1. 绘制一个图形需要哪些基本步骤？
2. 在窗体上绘制图形有哪些方法？
3. 如何构造一个颜色对象？
4. 打开图像有哪些方法？
5. 如何转换图像格式？

第6章 数据库应用

6.1 数据库概述

数据库是以一定的组织形式存放在计算机存储介质上的相互关联的数据的集合。

6.1.1 关系数据库模型

关系数据库是以关系模型来组织的。关系模型中数据的逻辑结构是一张二维表，由行和列组成。表6.1所示的学生表由5列5行组成，其中每一行叫一个元组，每一列叫一个字段。

表6.1

SNO	SNAME	SEX	AGE	SDEPT
01041401	李红	女	19	数学系
02031205	张伟	男	20	物理系
01041101	李亮	男	19	数学系
02051103	肖明	男	19	物理系
04030001	钱红	女	18	英语系

关系数据库一般由多个表组成，表与表之间可以以不同的方式相互关联。

候选码：在一个关系中，某个属性或属性组的值能唯一标识该关系的元组，而其真子集不能再标识，则该属性或属性组称为候选码。

主码：若一个关系有多个候选码，则选定其中一个为主码。

设F是基本关系R的一个或一组属性，但不是关系R的主码（或候选码）。如果F与基本关系S的主码相对应，则称F是R的外码，并称R为参照关系，S为被参照关系或目标关系。

例如，"基层单位数据库"中有"职工"和"部门"两个关系，其关系模式如下：

职工（*职工号*，姓名，工资，性别，*部门号*）；

部门（<u>部门号</u>，名称，*领导人号*）

其中主码用下划线标出，外码用斜体标出。

表 6.2、表 6.3 所示为课程表和选课表，它们之间存在参照与被参照的关系。课程号在关系课程表中是主码，在选课表中是外码。

表 6.2

课程号	课程名	先行课
001	语文	< NULL >
002	英语	< NULL >
003	高等数学	< NULL >
C1	计算机引论	< NULL >
C2	PASCAL 语言	C1
C3	数据结构	C2
C4	数据库	C3
C5	软件工程	C4

表 6.3

学号	课程号	成绩
08041501	001	90
08041401	001	97
08041406	001	97
08042103	001	60
08041501	002	78
08041501	003	86
08041401	002	78
08041406	002	88
08041505	001	98

6.1.2 结构化查询语言（SQL）

结构化查询语言 SQL（Structured Query Language），是一种功能齐全的数据库语言。目前，各种数据库管理系统几乎都支持 SQL。各种数据库系统有了共同的存取语言标准，为更广泛的数据共享开创了广阔的前景。

作为用来在数据库管理系统中访问和操作的语言，SQL 语句通常分为四类：

① DDL（Data Definition Language，数据定义语言）语句，用来创建、修改或删除数据库中各种对象，包括表、视图、索引等；

② DML（Data Manipulation Language，数据操作语言）语句，用来对已经存在的数据库

进行记录的插入、删除、修改等操作；

③QL（Query Language，查询语言）语句，用来按照指定的组合、条件表达式或排序检索已存在的数据库中的数据，但不改变数据库中的数据；

④DCL（Data Control Language，数据控制语言）语句，用来授予或收回访问数据库的某种特权、控制数据操纵事务的发生时间及效果、对数据库进行监视等。

SQL 的特点：

①SQL 具有自主式语言和嵌入式语言两种使用方式。

②SQL 具有语言简洁、易学易用的特点。

SQL 语言功能极强，且有两种使用方式。由于设计巧妙，其语言十分简洁，完成核心功能的语句只用了 9 个动词。结构化查询语言（SQL）的核心动词见表 6.4。

表 6.4

功能	动词
数据库查询	SELECT
数据定义	CREATE, DROP, ALTER
数据操作	INSERT, UPDATE, DELECT
数据控制	GRANT, REVOKE

③SQL 支持三级数据模式结构。全体基本表构成了数据库的全局逻辑模式；视图和部分基本表构成了数据库的外模式；数据库的存储文件和索引文件构成了关系数据库的内模式。

1. 表的创建功能

定义基本表语句的一般格式为：

```
CREATE TABLE[〈库名〉]〈表名〉(
〈列名〉〈数据类型〉[〈列级完整性约束条件〉]  [,〈列名〉〈数据类型〉[〈列级完整性约束条件〉]]
[,…n]
[,〈表级完整性约束条件〉]
[,…n]);
```

【例 6-1】 创建三个基本表，表名及表中的字段分别是：学生（学号，姓名，年龄，性别，所在系）；课程（课程号，课程名，先行课）；选课（学号，课程号，成绩）。

创建学生表，在学生表中性别只能是"男"或"女"（设置性别的 CHECK 约束），学号是不为空（NOT NULL）的唯一索引（UNIQUE），年龄的默认值是 20 岁。

```
CREATE TABLE 学生(学号 CHAR(5)NOT NULL  UNIQUE,
            姓名 CHAR(8)NOT NULL,
            年龄 SMALLINT CONSTRAINT C1 DEFAULT 20,
            性别 CHAR(2),
            所在系 CHAR(20),
            CONSTRAINT C2 CHECK(性别 IN('男','女')));
```

创建课程表，设置课程号为主键：

CREATE TABLE 课程(课程号 CHAR(5)PRIMARY KEY,课程名 CHAR(20),先行课 CHAR(5));

创建选课表,学号和课程号设为主键,成绩在 0～100 之间,同时,建立选课表与学生表、课程表之间的主外键联系:

CREATE TABLE 选课(学号 CHAR(5),课程号 CHAR(5),成绩 SMALLINT
CONSTRAINT C3 CHECK(成绩 BETWEEN 0 AND 100),
CONSTRAINT C4 PRIMARY KEY(学号,课程号),
CONSTRAINT C5 FOREIGN KEY(学号)REFERENCES 学生(学号),
CONSTRAINT C6 FOREIGN KEY(课程号)REFERENCES 课程(课程号));

2. 表的删除功能

删除表的格式为:

DROP TABLE <表名>;

【例 6-2】 删除已存在的表 table1。

DROP TABLE table1;

3. 表的修改功能

修改表,向表中添加新的列名或删除某完整性约束,格式如下:

ALTER TABLE〈表名〉
　　[ADD〈新列名〉〈数据类型〉[完整性约束][,…n])]
　　[DROP〈完整性约束名〉]
ALTER COLUMN 列名 类型[NULL |NOT NULL][,列名 类型[NULL | NOT NULL]…];

【例 6-3】 向课程表中增加"学时"字段。

ALTER TABLE 课程 ADD 学时 SMALLINT

【例 6-4】 建立通讯录表:通讯录(学号,姓名,录入时间)。再修改某约束,最后删除某一约束:

CREATE TABLE 通讯录(学号 INT NOT NULL,姓名 varchar(6)NULL,录入时间 datetime CONSTRAINT ys1 DEFAULT getdate())
GO
ALTER TABLE 通讯录 ALTER COLUMN 姓名 char(6)NOT NULL
GO
ALTER TABLE 通讯录 DROP CONSTRAINT ys1

4. SQL 的数据查询功能

SELECT 语句的语法如下:

SELECT〈目标列组〉 FROM〈数据源〉[WHERE〈元组选择条件〉]
　　[GROUP BY〈分列组〉[HAVING〈组选择条件〉]]
　　[ORDER BY〈排序列 1〉〈排序要求 1〉[,…n]];

SELECT 子句:指明目标列(字段、表达式、函数表达式、常量)。不同的基本表中相同的列名表示为：〈表名〉.〈列名〉。

FROM 子句：指明数据源。表间用","分隔。数据源不在当前数据库中，使用"〈数据库名〉.〈表名〉"表示。一表多用，用别名标识。定义表的别名格式为:〈表名〉〈别名〉。

WHERE 子句：元组选择条件。

GROUP BY 子句：结果集分组。若目标列中有统计函数，则统计为分组统计，否则为对整个结果集统计。子句后带上 HAVING 子句表示组选择条件（带函数的表达式）。

ORDER BY 子句：排序。当排序要求为 ASC 时，是升序排序；当排序要求为 DESC 时，是降序排列。

【例6-5】 在 student 表中查询学生姓名、系名和年龄，要求结果集中的列指定中文别名，同时消除结果集中重复的行。

```
SELECT DISTINCT sname as 姓名,dept as 系名,year(getdate()) - year
(birthday)as 年龄 FROM student
```

【例6-6】 在 student 表中查询1990年出生的电子系和计算机系的学生，要求这些学生的电子邮件包含"@163.com"字符串。

先写出基本表的定义：

```
CREATE TABLE student(SNO CHAR(9)PRIMARY KEY,SNAME CHAR(20),
SEX CHAR(1),birthday datetime,DEPT CHAR(20),email char(30));
```

再写出符合条件的查询语句：

```
SELECT* FROM student Where birthday Between '1990 - 01 - 01' and '1990 -
12 - 31'
and dept IN('计算机系','电子系') and email like '% @ 163.com '
```

like 为模式比较，用来测试字段值是否与给定的字符模式匹配。在给定字符的前后通常加上通配符。

SQL Server 的通配符有以下几个：

%：代表任意多个字符。

_（下划线）：代表单个字符。

[ ]：代表在指定范围内的单个字符。[ ]中可以是单个字符（如 [nbgcxy]），也可以是字符范围（如 [a-h]）。

[^]：代表不在指定范围内的单个字符。[^]中可以是单个字符（如 [^nbgcxy]），也可以是字符范围（如 [^a-h]）。

【例6-7】 在 student_course 表中查询成绩非空的选课记录，结果集要求按成绩的升序排列。

```
SELECT* FROM student_course WHERE grade IS NOT NULL ORDER BY grade ASC
```

SQL Server 提供以下集合函数：

MIN(<表达式>):求（字符、日期、数值列）的最小值；

MAX(<表达式>):求（字符、日期、数值列）的最大值；

COUNT(*):计算选中结果的行数；

COUNT([ALL | DISTINCT]<表达式>):计算所有/不同值的个数；

SUM([ALL | DISTINCT] <表达式>):计算所有/不同列值的总和;

AVG([ALL | DISTINCT] <表达式>):计算所有/不同列值的平均值。

【例6-8】 在student和student_course表中,按学号分组查询每个学生选课成绩的总分和平均分,并按每个学生选课成绩的平均分降序排列。

SELECT s.sno as 学号,s.sname as 姓名,sum(sc.grade)as 总分,avg(sc.grade) as 平均分 FROM student s,student_course sc WHERE s.sno = sc.sno GROUP BY s.sno,s.sname ORDER BY 平均分 DESC

【例6-9】 查询每个学生的情况及他(她)所选修的课程。

SELECT 学生.*,选课.* FROM 学生,选课 WHERE 学生.学号=选课.学号;

【例6-10】 求学生的学号、姓名、选修的课程名及成绩。

SELECT 学生.学号,姓名,课程名,成绩 FROM 学生,课程,选课 WHERE 学生.学号=选课.学号 AND 课程.课程号=选课.课程号;

【例6-11】 求选修001课程且成绩为90分以上的学生学号、姓名及成绩。

SELECT 学生.学号,姓名,成绩 FROM 学生,选课 WHERE 学生.学号=选课.学号 AND 课程号='001'AND 成绩>90;

5. SQL的数据插入功能

使用常量插入单个元组格式为:

INSERT INTO<表名>[(<属性列1>[,<属性列2>]…)]
VALUES(<常量1>[,<常量2>]…);

【例6-12】 将一个新学生记录(学号:'98010',姓名:'张三',年龄:20,所在系:'计算机系')插入学生表中。

INSERT INTO 学生 VALUES('98010','张三',20,'计算机系');

【例6-13】 插入一条选课记录(学号:'98011',课程号:'C10',成绩不详)。

INSERT INTO 选课(学号,课程号) VALUES('98011','C10');

6. SQL的数据修改功能

UPDATE<表名>SET<列名>=<表达式>[,<列名>=<表达式>][,…n][WHERE<条件>];

【例6-14】 将学生表中全部学生的年龄加上2岁。

UPDATE 学生 SET 年龄=年龄+2;

【例6-15】 将选课表中的数据库课程的成绩乘以1.2。

UPDATE 选课 SET 成绩=成绩*1.2 WHERE 课程号=(SELECT 课程号 FROM 课程 WHERE 课程名='数据库');

7. SQL的数据删除功能

DELETE FROM<表名>[WHERE<条件>];

【例 6-16】 删除艺术系的学生记录及选课记录。

DELETE FROM 选课 WHERE 学号 IN(SELECT 学号 FROM 学生 WHERE 所在系 = '艺术系');
DELETE FROM 学生 WHERE 所在系 = '艺术系';

6.2 ADO.NET 数据库访问技术

ADO（ActiveX Data Object）对象是继 ODBC（Open Data Base Connectivity，开放数据库连接架构）之后，Microsoft 主推的数据存取技术。ADO 对象是程序开发平台用来和 OLE DB 沟通的媒介。Visual Studio 2008 中使用的 ADO 版本为 ADO.NET 3.5。

ADO.NET 是一组包含在.NET 框架中的类库，用于完成.NET 应用程序和各种数据存储之间的通信。

它是 Microsoft 为大型分布式环境设计的，采用 XML（eXtensible Markup Language，可扩展标识语言）作为数据交换格式，任何遵循此标准的程序都可以用它进行数据处理和通信，这与操作系统和实现的语言无关。

6.2.1 ADO.NET 对象模型

ADO.NET 对象模型如图 6.1 所示。

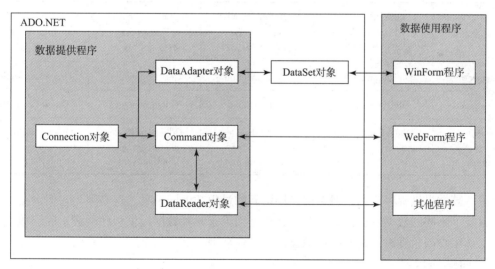

图 6.1

ADO.NET 的类由两部分组成：.NET 数据提供程序（Data Provider）和数据集（DataSet）。

1. .NET Data Provider 数据提供程序

.NET Data Provider 是指访问数据源的一组类库，是为了统一对各类型数据源的访问方式而设计的一套高效能的类库。

.NET Data Provider 主要包括 Connection 对象、Command 对象、DataReader 对象、Data-

Adapter 对象。

- Connection 对象：用于建立数据源的连接。
- Command 对象：用于执行对数据源的操作或命令，如检索、插入、更新、删除等，能够执行 SQL 语句或存储过程。
- DataReader 对象：提供对数据库快速只读、前向访问功能。
- DataAdapter 对象：通过 Command 对象执行 SQL 语句，将获得的结果集填充到 DataSet 对象中；将 DataSet 更新数据的结果返回到数据库中。

在 .NET Framework 中常用的有以下 4 组数据提供程序：

①SQL Server.NET Data Provider。支持 Microsoft SQL Server 7.0 及以上版本，为 SQL Server 数据库提供服务。

②OLEDB.NET Data Provider。支持通过 OLEDB 接口来访问如 dBase、FoxPro、Excel、Access、Oracle 及 SQL Server 等各类型数据源。

③ODBC.NET Data Provider。支持通过 ODBC 接口来访问如 dBase、FoxPro、Excel、Access、Oracle 及 SQL Server 等各类型数据源。

④Oracle.NET Data Provider。支持通过 Oracle 接口访问 Oracle 数据源。

对于不同的数据源，ADO.NET 分别提供了相应的数据提供程序，从而引用不同的命名空间，如 Access 数据库引用 System.Data.OleDb 命名空间，SQL Server 数据库引用 System.Data.SqlClient 命名空间。数据库的数据提供程序见表 6.5。

表 6.5

对象名	OLEDB.NET Framework 数据提供程序的类名	SQL Server.NET Framework 数据提供程序类名	ODBC.NET Framework 数据提供程序	Oracle.NET Framework 数据提供程序
Connection	OleDbConnection	SqlConnection	OdbcConnection	OracleConnection
Command	OleDbCommand	SqlCommand	OdbcCommand	OracleCommand
DataReader	OleDbDataReader	SqlDataReader	OdbcDataReader	OracleDataReader
DataAdapter	OleDbDataAdapter	SqlDataAdapter	OdbcDataAdapter	OracleDataAdapter

虽然数据提供程序不同，但它们连接访问的过程却大同小异。这是因为它们以接口的形式，封装了不同的数据库连接访问动作。正是因为这几种数据提供程序屏蔽了底层数据库的差异，从用户的角度看，它们的差别仅体现在命名上。

2. DataSet 数据集

DataSet 用来容纳 DataProvider 传递过来的数据库访问结果，或把应用程序里的业务执行结果更新到数据库中。可以把 DataSet 看作一种驻留在客户端的小型数据库，与特定的数据库无关。

DataSet 对象包括一个 DataTable 对象的集合和一个 DataRelation 对象的集合。其中每个 DataTable 对象又包含一个 DataRow 对象的集合，每个 DataRow 对象用于保存表中的一行数据。DataRelation 对象用来描述不同 DataTable 对象之间的关系。

6.2.2 创建连接

要访问数据库,首先要建立与数据库的连接。在.NET框架中,提供了用于创建和管理连接的类,如 SqlConnection 类、OleDbConnection 类及 OleDbConnection 类等。OleDbConnection 类可以用于创建应用程序与多种类型数据库的连接,如与 Microsoft Access、Microsoft SQL Server、Oracle 等数据库的连接;SqlConnection 类可以创建只处理 Microsoft SQL Server 数据库但性能优良的连接;OdbcConnection 类用于创建到 ODBC 数据源的连接。下面只对前两种进行介绍。

1. OleDbConnection 类

OleDbConnection 类表示到 OLEDB 数据源的连接,它位于命名空间 System.Data.OleDb 中。OleDbConnection 的属性和方法见表 6.6。

表 6.6

OleDbConnection 的属性/方法	描述
ConnectionString	设置或获取用于打开数据库的字符串
ConnectionTimeout	获取在尝试建立连接时终止尝试并生成错误之前所等待的时间
Database	获取当前数据库或连接打开后要使用的数据库的名称
DataSource	获取数据源的服务器名或文件名
Provider	获取在连接字符串的"Provider ="子句中指定的 OLEDB 提供程序的名称
State	获取连接的当前状态
Open() 方法	使用 ConnectionString 所指定的属性设置打开数据库连接
Close() 方法	关闭与数据库的连接。这是关闭任何打开连接的首选方法
CreateCommand() 方法	创建并返回一个与 OleDbConnection 关联的 OleDbCommand 对象
ChangeDatabase() 方法	为打开的 OleDbConnection 更改当前数据库

State 属性成员见表 6.7。

表 6.7

State 成员名称	描述
Broken	与数据源的连接中断。只有在连接打开之后,才可能发生这种情况
Closed	连接处于关闭状态
Connecting	连接对象正在与数据源连接
Executing	连接对象正在执行命令
Fetching	连接对象正在检索数据
Open	连接处于打开状态

【例 6-17】 通过 OleDbConnection 类创建 OleDbConnection 对象实例,并通过 ConnectionString 属性来连接数据库。

```
string str = @"Provider=Microsoft.Jet.OLEDB.4.0;Data Source=Student.mdb";
OleDbConnection conn = new OleDbConnection(str);
//创建带参数的 OleDbConnection 对象实例
try
    {
        conn.Open();//打开连接
        if(conn.State == ConnectionState.Open)
            //如果连接处于打开状态
            richTextBox1.Text = "数据库连接已经成功建立!";
    }
catch(Exception ex)
    {   richTextBox1.Text = ex.Message.ToString();   }
finally
    {   conn.Close();   }
```

或可将 OleDbConnection conn = new OleDbConnection(str); 替换为:

```
OleDbConnection conn = new OleDbConnection();
conn.ConnectionString = str;//设置连接字符串
```

2. SqlConnection 类

SqlConnection 类表示一个到 SQL Server 数据库的连接，它位于命名空间 System.Data.SqlClient 中。因此，使用该类前，要引用命名空间 System.Data.SqlClient。使用 SqlConnection 类首先要创建该类的对象实例，然后通过 SqlConnection 对象的连接字符串（ConnectionString）属性选择连接的字符串；或者直接在创建实例时把连接字符串作为参数传过去。如代码：

```
string aa = "Data Source=5914AFAF0AAC4D0;Initial Catalog=student;Integrated Security=True";
```

或

```
string aa = "data source=(local);user id=sa;;database=student;";
SqlConnection con = new SqlConnection();
con.ConnectionString = aa;              //设置连接字符串
```

其中：

data source = (local) 表示连接本地服务器上的 SQL Server 数据库；如果在本机，直接在后面加一个点"."即可；如果是网络服务器，需要指明服务器名称或者是 IP 地址。

Initial Catalog 表示数据库名称为 student。

Integrated Security = True 表示连接登录身份验证，使用 Windows 身份验证。默认是 Integrated Security = False，表示 SQL Server 身份验证登录。

user id、Password 表示 SQL Server 用户和密码。

如连接字符串 data source = . ; , Initial Catalog = student ; , user id = sa ; , Password = pass ; , 分别表示为本地服务器 SQL Server 上的 student 数据库，使用 SQL Server 身份验证登录，SQL Server 用户和密码分别为 sa 和 pass。

6.3 使用 Command 对象与 DataReader 对象

6.3.1 Command 对象

建立数据连接后，就可以用 Command 对象对数据库中的数据进行查询、插入、删除和更新等操作。该对象包含应用于数据库的所有操作命令，操作命令可以是存储过程、Insert、Delete、Update 等无返回结果的语句和查询等有返回结果的语句；还可将输入和输出参数及返回值用作命令语法的一部分，这些命令都可以通过 Command 对象传递对数据库的操作，并返回命令执行结果，见表 6.8。

表 6.8

属性或方法	描述
CommandText	设置或获取对数据源执行的 SQL 语句或存储过程
CommandTimeout	超时等待时间
CommandType	设置或获取 CommandText 属性中的语句是 SQL 语句、数据表名还是存储过程 Text 或不设置：CommandText 表示为 SQL 语句 TableDirect：CommandText 表示数据表名 StoredProcedure：CommandText 值为存储过程
Connection	设置或获取 SqlCommand 的实例用 SqlConnection，设置或获取 OleDbCommand 的实例用 OleDbConnection
Parameters	用来设置 SQL 查询语句或存储过程等的参数
OleDbCommand( ) 方法 SqlCommand( ) 方法	用来构造 OleDbCommand 对象的构造函数，有多种重载形式 用来构造 SqlCommand 对象的构造函数，有多种重载形式
ExecuteNonQuery( ) 方法	用来执行 Insert、Update、Delete 等 SQL 语句，不返回结果集。若目标记录不存在，返回 0；出错返回 1
ExecuteScalar( ) 方法	用来执行包含 Count、Sum 等聚合函数的 SQL 语句
ExecuteReader( ) 方法	执行 SQL 查询语句后的结果集，返回一个 DataReader 对象

【例 6 – 18】 使用 OleDbCommand 对象建立与 Access 数据库 student.mdb 的连接，且使用 OleDb Command 对象的 ExcuteScalar( )方法统计 stin 表中的总人数。引用 System.Data.OleDb 命名空间。运行界面如图 6.2 所示。

图 6.2

程序代码如下：

```csharp
private void button1_Click(object sender,EventArgs e)
{
    string str = @"Provider=Microsoft.Jet.OLEDB.4.0;Data Source=F:\xsxx\student.mdb";
    OleDbConnection conn = new OleDbConnection(str);
    try
    {    conn.Open();                                           //打开数据库连接
         if(conn.State==ConnectionState.Open)
         {
             OleDbCommand cmd = new OleDbCommand();
             cmd.CommandText = "select count(*)from stin";
             //SQL 语句
             cmd.Connection = conn;
      // OleDbCommand cmd = new OleDbCommand("select count(*) from stin",conn);
             int mycount =(int)cmd.ExecuteScalar();
             //语句中有聚合函数,用 ExecuteScalar()
             label1.Text = "学生总人数=" +mycount.ToString();
             //显示查询结果
         }
    }
    catch(Exception ex)                                          //如果发生异常
    {label1.Text = ex.Message.ToString(); }                      //则显示异常信息
    finally
    {    conn.Close(); }                                         //关闭连接
}
```

6.3.2 DataReader 对象

DataReader 对象以只读、只向前的方式提供了一种快速读取数据库数据的方式,该对象仅与数据库建立一个只读的且仅向前的数据流,并在当前内存中每次仅存放一条记录,所以,DataReader 对象可用于只需读取一次的数据,即可用于一次性地滚动读取数据库数据。因此,使用 DataReader 对象可提高应用程序的性能,并减少系统开销。

在 DataReader 对象遍历记录时,数据连接必须保持打开状态,直到调用 Close( ) 方法关闭 DataReader 对象为止。

一般不需要直接创建 SqlDataReader 对象或 OleDbDataReader 对象,而是通过调用 SqlCommand 对象或 OleDbCommand 的 ExecuteReader 方法来获取这些对象。DataReader 对象的属性方法见表 6.9。

表 6.9

属性、方法	描述
FieldCount	由 DataReader 得到的一行数据的列数
HasRows	判断 DataReader 是否包含数据,返回值为 bool 型
IsClosed	判断 DataReader 是否关闭,返回值为 bool 型
Close( )	关闭 DataReader,无返回值
GetValue( )	根据列索引值,获取当前记录行内指定列的值,返回值为 Object 类型
GetValues( )	获取当前记录行内的所有数据,返回值为 Object 数组
GetDataTypeName( )	根据列索引值,获得数据集指定列的数据类型
GetString( )	根据列索引值,获得数据集 string 类型指定列的值
GetChar( )	根据列索引值,获得数据集 char 类型指定列的值
GetInt32( )	根据列索引值,获得数据集 int 类型指定列的值
GetName( )	根据列索引值,获得数据集指定列的名称,返回 string 类型
NextResult( )	将记录指针指向下一个结果集,要用 Read 方法访问
Read( )	将记录指针指向当前结果集中的下一条记录,返回 bool 型

【例 6-19】 创建窗体应用程序,查看学生数据库中 stin 表的内容及其字段结构。执行结果在 Rich TextBox 中。

首先创建"学生"数据库,在该数据库下创建 stin 表。

① 先引用 System.Data.SqlClient 命名空间,然后在窗体类中定义如下变量:

```
SqlConnection conn = new SqlConnection();
SqlCommand cmd = new SqlCommand();
string str = @ "Data Source = .;Initial Catalog = 学生;Integrated Security = True";
```

② 使用 GetValues 方法获取查询结果,代码如下:

```
private void button1_Click(object sender,EventArgs e)
    {
        richTextBox1.Text = "";
        conn.ConnectionString = str;
        conn.Open();
        cmd.Connection = conn;
        cmd.CommandText = "select* from stin";
        SqlDataReader result = cmd.ExecuteReader();
        Object[]dataRow = new Object[result.FieldCount];
        //定义以字段个数为长度Object数组
        while(result.Read() ==true)
        //每循环一次,指针后移一次
        {
            result.GetValues(dataRow);
            //获取当前行所有字段内容,保存到数组中
            for(int i =0;i<result.FieldCount;i ++)
                //逐字段显示当前行内容
                richTextBox1.Text + = dataRow[i] +"   ";
            richTextBox1.Text + = "\n";
        }
        result.Close();
        conn.Close();
    }
```

运行界面如图 6.3 所示。

图 6.3

③直接使用 DataReader 对象显示出所有查询结果，代码如下：

```
private void button2_Click(object sender,EventArgs e)
    {
        richTextBox1.Text = "";
        conn.ConnectionString = str;
        conn.Open();
        cmd.Connection = conn;
        cmd.CommandText = "select* from stin";
        SqlDataReader result = cmd.ExecuteReader();
        //执行命令,返回 SqlDataReader 对象
        //迭代结果集中的行,直到读完最后一条记录,Read 返回 False
        while(result.Read() == true)
        {
            for( int i = 0;i < result.FieldCount;i ++ )
                richTextBox1.Text + = result[i] + "   ";
                //result[i]用数字序号引用字段
            richTextBox1.Text + = " \n";
        }
        result.Close();
        conn.Close();
    }
```

运行界面如图6.4所示。

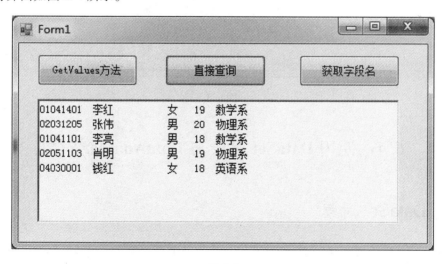

图 6.4

④使用 GetName 方法获得表的结构,代码如下:

```
private void button3_Click(object sender,EventArgs e)
    {
        richTextBox1.Text = "";
```

```
            conn.ConnectionString = str;
            conn.Open();
            cmd.Connection = conn;
            cmd.CommandText = "select* from stin";
            SqlDataReader result = cmd.ExecuteReader();
            for(int i = 0;i < result.FieldCount;i ++ )
                richTextBox1.Text + = result.GetName(i) + " ";
            //GetName 方法获得所有列名
            richTextBox1.Text + = " \n";
            result.Close();
            conn.Close();
        }
```

运行界面如图 6.5 所示。

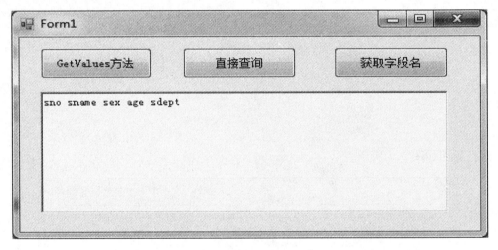

图 6.5

6.4 使用 DataSet 对象与 DataAdapter 对象

6.4.1 DataSet 对象

DataSet 对象是支持 ADO.NET 的断开、分布式数据方案的核心对象。由于它在获得数据或更新数据后立即与数据库断开，因此，程序员能用它实现高效的数据库访问和操作。DataSet 对象是数据的内存驻留表示形式，无论数据源是什么，都会提供一致的关系编程模型。

数据集（DataSet）独立于数据源。它的结构与关系数据库类似，也是由表（DataTable）、行（DataRow）和列（DataColumn）等对象构成的层次结构。在数据集中还包含约束（Constraint）和关系（DataRelation）。

调用数据适配器（DataAdapter）对象的 Fill( ) 方法填充数据集。它将自动在数据集中创建数据表，并设置它的结构并向其中填充数据。

一个数据集对象中可以包含多个 DataTable，通过 DataRelation 设置这些 DataTable 之间的关系。表 6.10 是 DataTable 对象的常用属性和方法，其中 Rows、Columns 中包含的常用方法见表 6.11。表（DataTable）的结构是通过表的列（DataColumn）表示的，DataColumn 对象的常用属性见表 6.12。

表 6.10

DataTable 属性和方法	描述
Rows	设置或获取当前 DataTable 内的所有行
Columns	设置或获取当前 DataTable 内的所有列
AcceptChanges( )	提交自上次调用 AcceptChanges( ) 方法以来对当前表进行的所有更改
Clear( )	清除 DataTable 里原来的数据，通常在获取新的数据前调用
Load(IDataReader reader) 方法	通过参数中的 IDataReader 把对应数据源里的数据装载到 DataTable 内
Merge(DataTable table) 方法	把参数中的 DataTable 和当前 DataTable 合并
NewRow( ) 方法	为当前的 DataTable 增加一个新行，返回表示行的 DataRow 对象
Select( ) 方法	选择符合筛选条件、与指定状态匹配的 DataRow 对象组成的数组

表 6.11

Rows 常用方法	Rows 常用方法描述	Columns 常用方法	Columns 常用方法描述
Add( )	向表（DataTable）中添加新行	Add( )	把新建的列添加到集合中
InsertAt( )	向表中添加新行到索引号的位置	AddRange( )	把 DataColumn 类型的数组添加到列集合中
Remove( )	删除指定的行（DataRow）对象	Remove( )	把指定的列从列集合中移除
RemoveAt( )	根据索引号删除指定位置的行	RemoveAt( )	把指定索引位置的列从列集合中移除

表 6.12

属性	描述
AllowDBNull	是否允许当前列为空
AutoIncrement	是否为自动编号
Caption	设置或获取列的标题
ColumnName	列的名字
DataType	列的数据类型
DefaultValue	列的默认值
MaxLength	文本的最大长度

通过下面的代码了解向表中添加列。

```
DataTable mydt = myds.Tables.Add("mytable");
DataColumn mycolumn = new DataColumn();              //向表中添加列
mycolumn.DataType = typeof(string);                  //该列的数据类型
mycolumn.AllowDBNull = true;                         //该列允许为空
mycolumn.Unique = false;                             //是否唯一
mycolumn.ReadOnly = false;                           //是否只读,其值为 false,表示可以修改
mycolumn.DefaultValue = 1000;                        //默认值
mycolumn.AutoIncrement = true;                       //该值自动递增
mycolumn.AutoIncrementSeed = 1000;                   //种子
mycolumn.AutoIncrementStep = 1;                      //递增的步长
mycolumn.Caption = "年龄";                           //标题,绑定在控件中显示
mycolumn.ColumnName = "age";                         //列名
mydt.Columns.Add(mycolumn);                          //向 DataTable 的对象 mydt 添加列
```

【例6-20】 利用 DataGridView 对象、DataTable 对象的 Rows、Columns 属性的 Add() 方法,完成向表中添加列、行及显示数据。运行结果如图6.6所示,代码如下:

```
private void button1_Click(object sender, EventArgs e)
{
        DataGridView dgv1 = new DataGridView();
        this.Controls.Add(dgv1);
        DataTable table = new DataTable();
        table.Columns.Add("姓名", typeof(string));
        table.Columns.Add("工作单位", typeof(string));
        table.Columns.Add("电话号码", typeof(string));
        DataRow row = table.NewRow();
        row["姓名"] = "李阳";
        row["工作单位"] = "沈阳黎明航空公司";
        row["电话号码"] = "02448823335";
        table.Rows.Add(row);
        row = table.NewRow();
        row["姓名"] = "张筱雨";
        row["工作单位"] = "沈阳大学";
        row["电话号码"] = "02447986666";
        table.Rows.Add(row);
        dgv1.DataSource = table;
}
```

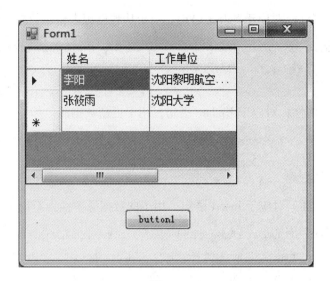

图 6.6

6.4.2 DataAdapter 对象

DataAdapter 对象在 DataSet 与数据源之间起到桥梁的作用。DataAdapter 对象使用 Fill( ) 方法将数据填充到 DataSet 的 DataTable 中去，还可以将 DataSet 的数据更改送回数据源。

DataAdapter 对象隐藏了与 Connection 和 Command 对象操作的细节。DataAdapter 使用 Connection 来连接数据源并取出数据，使用 Command 对象从数据源中检索数据并将更改保存到数据源中。

在需要处理大量数据的场合，一直保持与数据库服务器的连接会带来许多不便，这时可以使用 DataAdapter 对象，以无连接的方式完成数据库与本机 DataSet 之间的交互。通常使用 OleDbDataAdapter 对象、SqlDataAdapter 对象。DataAdapter 对象的属性、方法见表 6.13。

表 6.13

DataAdapter 对象属性/方法	描述
DeleteCommand	设置或获取 SQL 语句或存储过程，用于数据集的删除记录
InsertCommand	设置或获取 SQL 语句或存储过程，用于将新记录插入数据源中
SelectCommand	设置或获取 SQL 语句或存储过程，用于选择数据源中的记录
UpdateCommand	设置或获取 SQL 语句或存储过程，用于更新数据源中的记录
Fill( ) 方法	将数据源数据填充到本机的 DataSet 或 DataTable 中，填充后完成自动断开连接
Update( ) 方法	把 DataSet 或 DataTable 中的处理结果更新到数据库中

数据适配器中包含 4 个数据命令属性，都属于 SqlCommand 或 OleDbCommand 类型的对象（假设 myConnection 为已经设置好的连接数据库的字符串）。

SelectCommand 属性：对应于 Select 语句，用于从数据源中检索数据。如：

```
OleDbDataAdapter myDataAdapter = new OleDbDataAdapter();
myDataAdapter.SelectCommand = new OleDbCommand("select * from stin", myConnection);
```

UpdateCommand 属性：对应于 Update 语句，用于更新数据源。如：

```
OleDbDataAdapter myDataAdapter = new OleDbDataAdapter();
myDataAdapter.UpdateCommand = new OleDbCommand("update stin set sage = sage + 2", myConnection);
```

InsertCommand 属性：对应于 Insert 语句，用于向数据源中插入新记录。如：

```
OleDbDataAdapter myDataAdapter = new OleDbDataAdapter();
myDataAdapter.InsertCommand = new OleDbCommand("insert into stin(sid, sname, sage)" + "values(@ sid, @ sname, @ sage)", myConnection);
```

DeleteCommand 属性：对应于 Delete 语句，用于删除数据源中的记录。如：

```
OleDbDataAdapter myDataAdapter = new OleDbDataAdapter();
myDataAdapter.DeleteCommand = new OleDbCommand("Delete from stin where sname = '张三'", myConnection);
```

【例 6-21】 创建窗体应用程序，利用 OleDbDataAdapter 对象和 DataGridView 控件实现数据库内容的显示和交互式更新。

设计步骤：

①在 E:\下创建 Access 数据库"student.mdb"，在该数据库下创建 stin 表。stin 表的内容见表 6.14。

表 6.14

SNO	SNAME	SEX	AGE	SDEPT
01041401	李红	女	19	数学系
02031205	张伟	男	20	物理系
01041101	李亮	男	19	数学系
02051103	肖明	男	19	物理系
04030001	钱红	女	18	英语系

②向窗体中添加 MenuStrip 控件和 DataGridView 控件，并将 DataGridView 控件的 Dock 属性设置为 Fill，使之充满窗口。

③运行时单击"查看"菜单项，在窗口中显示指定数据库表（stin）的内容，对表中内容进行追加、删除、修改等操作，按 Enter 键确认之后，单击"保存修改"菜单项，就能将更新结果保存到数据源中。运行界面如图 6.7 和图 6.8 所示。

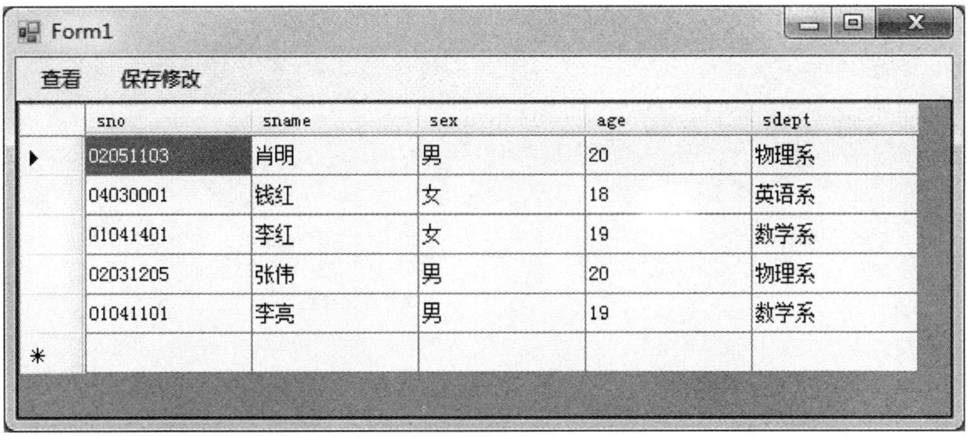

数据库应用 第6章

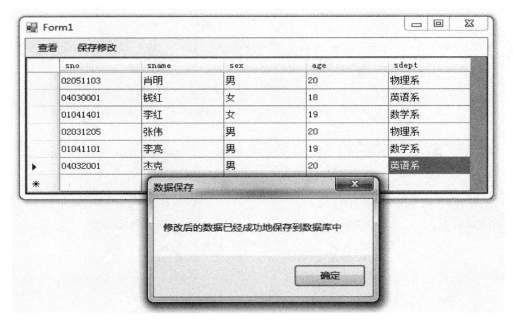

图 6.7

图 6.8

代码如下：

```
using System;
using System.Collections.Generic;
using System.ComponentModel;
using System.Data;
using System.Drawing;
using System.Linq;
using System.Text;
using System.Windows.Forms;
```

```csharp
using System.Data.OleDb;
namespace 例6_21
{
    public partial class Form1:Form
    {
        public Form1()
        {
            InitializeComponent();
        }
        OleDbDataAdapter adapter;         //创建一个OleDbDataAdapter实例
        DataTable table = new DataTable();  //创建一个DataTable实例
        private void Form1_Load(object sender,EventArgs e)
        {
            string str = @ "provider = Microsoft.Jet.OLEDB.4.0;Data Source = E:\student.mdb";
            string sql = "select* from stin";
            adapter = new OleDbDataAdapter(sql,str);
            OleDbCommandBuilder buider = new OleDbCommandBuilder(adapter);
            adapter.DeleteCommand = buider.GetDeleteCommand();
            adapter.InsertCommand = buider.GetInsertCommand();
            adapter.UpdateCommand = buider.GetUpdateCommand();
        }

        private void 查看ToolStripMenuItem_Click(object sender,EventArgs e)
        {
            table.Clear();
            adapter.Fill(table);
            dataGridView1.DataSource = table;
        }

        private void 保存修改ToolStripMenuItem_Click(object sender, EventArgs e)
        {
            dataGridView1.EndEdit();
            adapter.Update(table);
            MessageBox.Show("修改后的数据已经成功地保存到数据库中","数据保存");
```

```
        }
    }
}
```

说明：

在 DataAdapter 对象初始化时，使用了如下的构造函数重载形式：

```
adapter = new OleDbDataAdapter(sql,str);
```

执行这个语句，实际上就自动构造了对应的 Connection 和 Command 对象，同时，根据连接字符串 str 自动完成了连接初始化。注意：Connection 和 Command 对象都处于关闭状态。

```
dataGridView1.DataSource = table;
```

DataTable 对象赋值给 DataGridView 控件的 DataSource 属性。

由于通过 CommandBuilder 对象自动生成了 DataAdapter 对象的 UpdateCommand 属性，所以，在 DataGridView 控件中修改数据后，就可以利用 Update() 方法把更新后的数据保存到数据库。

6.5 数据绑定

6.5.1 数据绑定概述

数据绑定可以使用 C#.NET 提供的工具或以编程的方式绑定控件来实现。

Visual C#自身没有类库，和其他的.NET 开发语言一样，Visual C#调用的类库是.NET 框架中的一个共有的类库——.NET FrameWork SDK。ADO.NET 是.NET FrameWork SDK 提供给.NET 开发语言进行数据库开发的一个系列类库的集合。在 ADO.NET 中虽然提供了大量的用于数据库连接、数据处理的类库，但却没有提供类似于 Delphi 的 DbText 组件、DbListBox 组件、DbLable 组件、DbCombox 组件等。要想把数据记录以 ComBox、ListBox 等形式显示出来，使用数据绑定技术是最为方便、最为直接的方法。所谓数据绑定技术，就是把已经打开的数据集中某个或者某些字段绑定到组件的某些属性上的一种技术。具体地说，就是把已经打开数据集的某个或者某些字段绑定到 TextBox 组件、ListBox 组件、ComboBox 组件的某属性上，显示某个或者某些字段数据。当对组件完成数据绑定后，其显示字段的内容将随着数据记录指针的变化而变化。这样程序员就可以定制数据显示方式和内容，从而为以后的数据处理做好准备。所以说，数据绑定是 Visual C#进行数据库编程的基础和最为重要的第一步。只有掌握了数据绑定方法，才可以很方便地对已经打开的数据集中的记录进行浏览、删除、插入等具体的数据操作、处理。

数据绑定根据不同组件可以分为两种：一种是简单型的数据绑定，另一种是复杂型的数据绑定。所谓简单型的数据绑定，就是绑定后组件显示出来的字段只是单个记录，这种绑定一般使用在显示单个值的组件上，如 TextBox 组件或 Label 组件；复杂型的数据绑定，就是绑定后的组件显示出来的字段是多个记录的，这种绑定一般使用能显示多个值的组件上，如 ComboBox 组件、ListBox 组件等。下面介绍如何用 Visual C#实现这两种绑定。在数据库的选择上,为了使内容更加全面,采用当下比较流行的两种数据库:一种是本地数据库 Access 2000,另一种是远程数据库 SQL Server 2000。

数据绑定一般步骤如下。

①无论是简单型的数据绑定,还是复杂型的数据绑定,要实现绑定的第一步,都是要连接数据库,得到可以操作的 DataSet。

②根据不同组件,采用不同的数据绑定。

6.5.2 简单数据绑定

对于简单型的数据绑定,数据绑定的方法比较简单,在得到数据集以后,一般通过把数据集中的某个字段绑定到组件的显示属性上,如绑定到 TextBox 组件或 Label 组件的 Text 属性上。

【例6-22】 单击窗体中的"Button1"按钮,在 textBox1 控件中显示 student.mdb 数据库的 stin 表中 stin.sname 列的数据(简单绑定)。具体实现方法是:

①设置连接 student 数据库的连接字符串,并保存到 connectionstring 变量中。

②创建 SqlConnection 类的实例 con,它将用于连接 student 数据库。

③设置 con 实例的 ConnectionString 属性的赋值为 connectionstring 变量的值,即设置该连接的连接字符串。

④设置查询 stin 表中的数据的 SQL 语句"select * from stin",并保存到 cmdText 变量中。

⑤创建执行 SQL 语句的数据适配器 da,它使用了 cmdText 和 con 变量。

⑥创建 DataSet 对象 ds。

⑦在 try 语句中,调用 con 实例的 Open() 方法打开数据库的连接,并调用 da 实例的 Fill() 方法填充 ds 对象。如果失败,则在 catch 块中显示失败的信息。

⑧在 finally 块中,调用 con 实例的 Close() 方法,关闭已经打开的数据库连接。

⑨绑定 textBox:

```
textBox1.DataBindings.Clear();
textBox1.DataBindings.Add("text",ds,"stin.sname");
```

运行界面如图 6.9 所示。

图 6.9

程序代码如下：

```csharp
using System;
using System.Collections.Generic;
using System.ComponentModel;
using System.Data;
using System.Drawing;
using System.Linq;
using System.Text;
using System.Windows.Forms;
using System.Data.OleDb;

namespace 例6-22
{
    public partial class Form1:Form
    {
        public Form1()
        {
            InitializeComponent();
        }

        private void button1_Click(object sender,EventArgs e)
        {
            string connectionstring = @ "Provider = Microsoft.Jet.OLEDB.4.0;Data Source = E:\student.mdb";
            OleDbConnection con = new OleDbConnection();
            con.ConnectionString = connectionstring;
            string cmdtext = "select* from stin";
            OleDbDataAdapter da = new OleDbDataAdapter(cmdtext,con);
            DataSet ds = new DataSet();
            try
            {
                con.Open();
                da.Fill(ds,"stin");
            }
            catch(Exception ex)
            {
                MessageBox.Show(ex.Message);
            }
```

```
            finally
            {
              con.Close();
            }
            textBox1.DataBindings.Clear();
            textBox1.DataBindings.Add("text",ds,"stin.sname");
        }
    }
}
```

6.5.3 复杂数据绑定

复杂型的数据绑定一般是通过设定其某些属性值来实现的。

复杂数据绑定是把一个基于列表的用户界面控件绑定到一个数据实例列表，或者说，允许将多个数据元素绑定到一个控件。复杂数据绑定可以绑定数据源中的多行或多列。支持复杂数据绑定的控件有数据网格控件、列表框、组合框。和简单数据绑定一样，复杂数据绑定通常也是用户界面控件绑定的值发生改变时传达到数据列表，数据列表发生改变时传达到用户界面元素。

【例6-23】 单击窗体中的"button2"按钮，在 comboBox1 控件中显示 student.mdb 数据库的 stin 表中 stin.sname 列的数据。使用 comboBox1 的 DataSource、DisplayMember、ValueMember 属性。界面如图 6.10 所示。

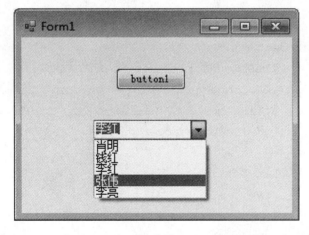

图 6.10

代码如下：

```
using System;
using System.Collections.Generic;
using System.ComponentModel;
using System.Data;
```

```csharp
using System.Drawing;
using System.Linq;
using System.Text;
using System.Windows.Forms;
using System.Data.OleDb;
namespace 例6-23
{
    public partial class Form1:Form
    {
        public Form1()
        {
            InitializeComponent();
        }

        private void button1_Click(object sender,EventArgs e)
        {
            string connectionstring=@"Provider=Microsoft.Jet.OLEDB.4.0;Data Source=E:\student.mdb";
            OleDbConnection con=new OleDbConnection();
            con.ConnectionString=connectionstring;
            string cmdtext="select* from stin";
            OleDbDataAdapter da=new OleDbDataAdapter(cmdtext,con);
            DataSet ds=new DataSet();
            try
            {
                con.Open();
                da.Fill(ds,"stin");
            }
            catch(Exception ex)
            {
                MessageBox.Show(ex.Message);
            }
            finally
            {
                con.Close();
            }
            comboBox1.DataSource=ds;
            comboBox1.DisplayMember="stin.sname";
            comboBox1.ValueMember="stin.sname";
```

```
        }
    }
}
```

【例6-24】 数据绑定实例。具体步骤如下。

①创建一个 Windows 程序，为窗体添加控件，界面如图 6.11 所示。

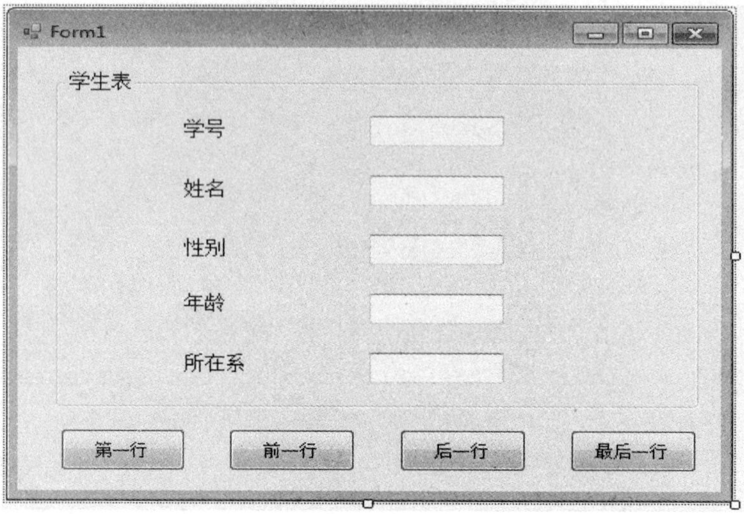

图 6.11

②在数据菜单下打开"显示数据源"，选中"添加新数据源"（或者直接选择"数据"→"添加新数据源"菜单项），根据向导选择本地服务器中的 student 数据库中的 stin 表，创建数据集 studentDataSet。

此时在资源管理器中就可以看到新创建的数据集，如图 6.12 所示。

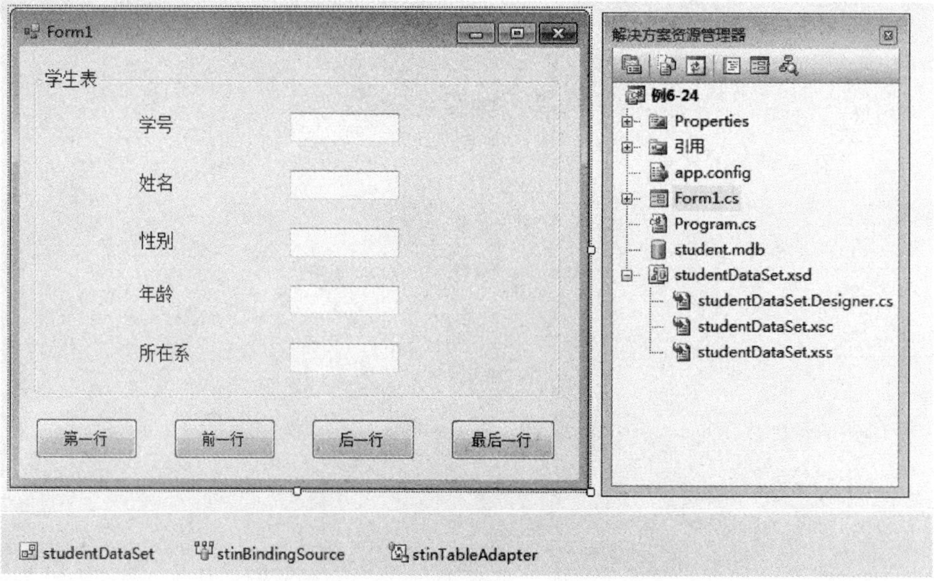

图 6.12

③设计时绑定控件。选中"学号"所对应的文本框 textBox1，从属性窗口中打开 DataBindings 属性，单击 text 右侧下拉列表，选择 stin 表中的 sno 字段，这样就建立了绑定。其他控件的绑定与此类似。

在窗体的 Load 事件中添加填充数据集的代码：

```
this.stinTableAdapter.Fill(this.studentDataSet.stin);
```

④Form1_Load 事件过程代码：

```
            public partial class Form1:Form
            {
                public Form1()
                {
                    InitializeComponent();
                }
private BindingManagerBase mybmb;//添加一个 BindingManagerBase 成员
public partial class Form1:Form
    {
        public Form1()
        {
            InitializeComponent();
        }
        private BindingManagerBase mybmb;
        //添加一个 BindingManagerBase 成员
        private void Form1_Load(object sender,EventArgs e)
        {
        /* TODO:这行代码将数据加载到表"studentDataSet.stin"中。可以根据需要移动或移除它*/
            this.stinTableAdapter.Fill(this.studentDataSet.stin);
            textBox1.DataBindings.Add("text",studentDataSet,"stin.sno");
            textBox2.DataBindings.Add("text",studentDataSet,"stin.sname");
            textBox3.DataBindings.Add("text",studentDataSet,"stin.sex");
            textBox4.DataBindings.Add("text",studentDataSet,"stin.age");
            textBox5.DataBindings.Add("text",studentDataSet,"stin.sdept");
            mybmb = groupBox1.BindingContext[studentDataSet,"stin"];
```

```
            }
        }
}
```

一般使用 BindingManagerBase 类来绑定控件的数据导航。该类是 CurrentManager 类的基类，是一个抽象类，无法实例化，可以使用该类的 CurrentManager 对象来获得 CurrentManager 对象的引用（基类指针指向派生类的对象），达到跟踪并改变数据源的当前位置的目的。CurrentManager 负责对某一数据源绑定的跟踪管理（如同步、记录当前位置），使用 BindingManagerBase 类来对 Windows 窗体上绑定到相同数据源的数据绑定控件进行同步，实质上是引用 CurrentManager 对象来实现的。

要在程序中获得 BindingManagerBase 类引用，可以使用 BindingContext 属性获得，如

```
mybmb = groupBox1.BindingContext[studentDataSet,"stin"];
```

设定 groupBox1 对象内所有绑定到相同数据源的数据绑定控件进行同步。

获取 CurrentManager 对象的引用：

```
mybmb = groupBox1.BindingContext[studentDataSet,"stin"];
```

⑤使用 BindingManagerBase 的 Position 循环访问 BindingManagerBase 所维护的基础列表的所有记录。Count 是获取 BindingManagerBase 所管理的绑定的行数，见如下代码：

```
private void button1_Click(object sender,EventArgs e)    //第一行
{
    mybmb.Position = 0;
}

private void button2_Click(object sender,EventArgs e)    //前一行
{
    if(mybmb.Position > 0) mybmb.Position = mybmb.Position - 1;
}

private void button3_Click(object sender,EventArgs e)    //后一行
{
    if(mybmb.Position < mybmb.Count - 1) mybmb.Position = mybmb.Position + 1;
}

private void button4_Click(object sender,EventArgs e)    //最后一行
{
    mybmb.Position = mybmb.Count - 1;
}
```

运行界面如图 6.13 所示。

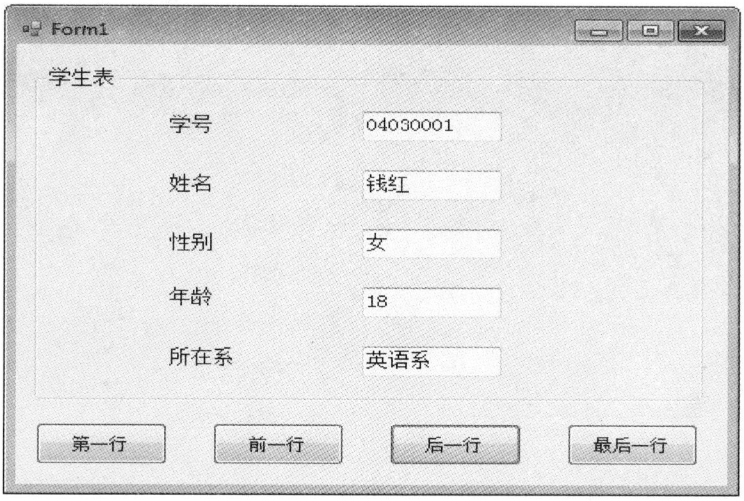

图 6.13

6.5.4 DataGridView 控件

在数据库项目中，经常需要将查询到的数据显示在用户界面中，使用 DataGridView 控件能很方便地实现这一功能。在 Visual Studio 2008 中，DataGridView 控件用于在一系列行和列中显示数据。

使用 DataGridView 控件，可以显示和编辑来自多种不同类型的数据源的表格数据。将数据绑定到 DataGridView 控件非常简单和直观，在大多数情况下，只需设置 DataSource 属性即可。在绑定到包含多个列表或表的数据源时，也只需将 DataMember 属性设置为指定要绑定的列表或表的字符串即可。

DataGridView 控件具有极高的可配置性和可扩展性，它提供有大量的属性、方法和事件，可以用来对该控件的外观和行为进行自定义。可以通过创建 DataGridView 实例：DataGridView dgv = new DataGridView（）；，或者在工具箱中向窗体中添加 DataGridView 控件这两种方法来使用 DataGridView 控件。

默认情况下，DataGridView 控件位于工具箱的"数据"选项中，展开该选项，如图 6.14 所示。

图 6.14

可以通过双击或者拖放的方法给 Windows 窗体添加 DataGridView 控件，添加在 Windows 窗体的 DataGridView 控件的外观如图 6.15 所示。

【例 6 – 25】 单击窗体中的"button1"按钮，在 DataGridView 控件中显示 SQL Server 2000 中"学生"数据库的 stin 表中的数据，具体实现方法如下：

①设置连接 student 数据库的连接字符串，并保存为 connectionstring 变量。

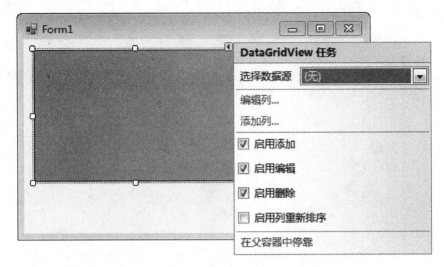

图 6.15

②创建 SqlConnection 类的实例 con，它将用于连接"学生"数据库。

③设置 con 实例的 ConnectionString 属性的值为 connectionstring 变量的值，即设置该连接的连接字符串。

④设置查询 Customers 表中的数据的 SQL 语句"select * from stin"，并保存在 cmdText 变量中。

⑤创建执行 SQL 语句的数据适配器 da，它使用了 cmdText 和 con 变量。

⑥创建 DataSet 对象 ds。

⑦在 try 语句中，调用 con 实例的 Open( ) 方法打开数据库的连接，并调用 da 实例的 Fill( ) 方法填充 ds 对象。如果失败，则在 catch 块中显示失败的信息。

⑧在 finally 块中，调用 con 实例的 Close( ) 方法，关闭已经打开的数据库连接。

⑨创建 DataGridView 对象 dgv，语句为 DataGridView dgv = new DataGridView( );。

⑩设置 dgv 控件的 DataSource 属性值为 dgv. DataSource = ds. Tables[0]. DefaultView;。

运行界面如图 6.16 所示。

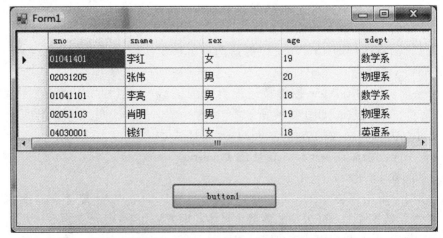

图 6.16

代码如下：

```csharp
using System;
using System.Collections.Generic;
using System.ComponentModel;
using System.Data;
using System.Drawing;
using System.Linq;
using System.Text;
using System.Windows.Forms;
using System.Data.SqlClient;

namespace 例6_25_1
{
    public partial class Form1:Form
    {
        public Form1()
        {
            InitializeComponent();
        }

        private void button1_Click(object sender,EventArgs e)
        {
            string connectionstring = @ "Data Source =.;Initial Catalog =学生;Integrated Security =True";
            SqlConnection con = new SqlConnection();
            con.ConnectionString = connectionstring;
            string cmdText = "select* from stin ";
            SqlDataAdapter da = new SqlDataAdapter(cmdText,con);
            DataSet ds = new DataSet();
            try
            {
                con.Open();
                da.Fill(ds);
            }
            catch(Exception ex)
            {MessageBox.Show(ex.Message);}
            finally{con.Close();}
            DataGridView dgv = new DataGridView();
            //创建 DataGridView 实例
```

```
            dgv.Width=this.Width;
            //dgv 的宽度与窗体的宽度相同
            this.Controls.Add(dgv);                    //把 dgv 添加到窗体上
            dgv.DataSource=ds.Tables[0].DefaultView;
        /*绑定 DataGridView 实例的数据,或者把 dgv.DataSource = ds.Tables[0].
DefaultView;替换为:*/
        //dgv.DataSource=ds;
        /*dgv.DataMember="Customers";,同时填充语句要改成 da.Fill(ds,"Customers")*/
        
        }
    }
}
```

以上代码用于连接 SQL Server 2000 中"学生"数据库,如果要连接 Access 数据库,其代码可改为如下:

```
        using System;
using System.Collections.Generic;
using System.ComponentModel;
using System.Data;
using System.Drawing;
using System.Linq;
using System.Text;
using System.Windows.Forms;
using System.Data.OleDb;
namespace 例6_25_2
{
    public partial class Form1:Form
    {
        public Form1()
        {
            InitializeComponent();
        }
        
        private void button1_Click(object sender,EventArgs e)
        {
            string connectionstring=@"Provider=Microsoft.Jet.OLEDB.4.0;Data Source=E:\student.mdb";
            OleDbConnection con=new OleDbConnection();
```

```
con.ConnectionString = connectionstring;
string cmdtext = "select* from stin";
OleDbDataAdapter da = new OleDbDataAdapter(cmdtext,con);
DataSet ds = new DataSet();
try
{
    con.Open();
    da.Fill(ds,"stin");
}
catch(Exception ex)
{
    MessageBox.Show(ex.Message);
}
finally
{
    con.Close();
}
    DataGridView dgv = new DataGridView();
    dgv.Width = this.Width;
    this.Controls.Add(dgv);
    dgv.DataSource = ds.Tables[0].DefaultView;
}
}
```

运行界面如图 6.17 所示。

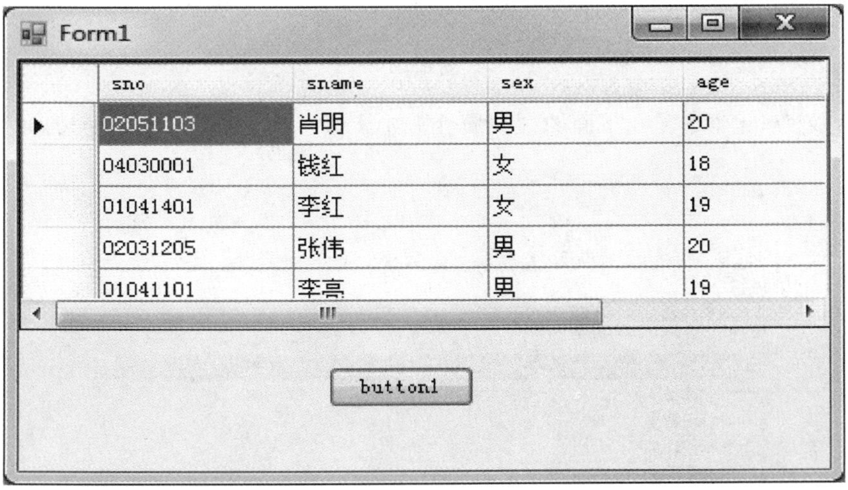

图 6.17

6.6 项目三 通讯录系统

6.6.1 项目描述

该项目详细介绍了通讯录系统的设计和开发，该系统的主要功能如图 6.18 所示。

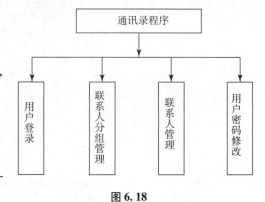

图 6.18

6.6.2 数据库设计

使用 SQL Server 2000/2005 创建数据库 "addresslist"，包含三个表：

①用户表 User（图 6.19）。

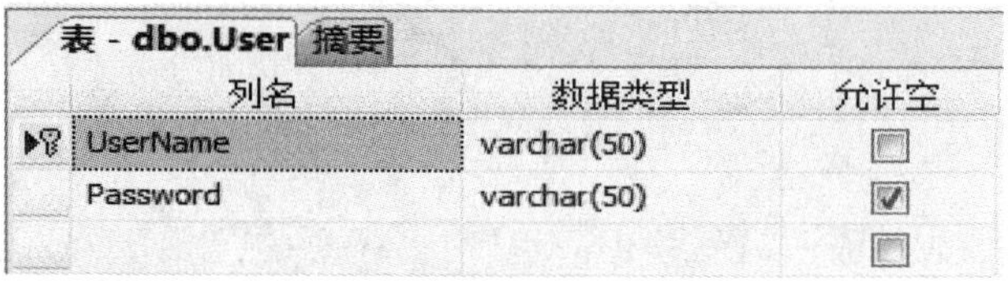

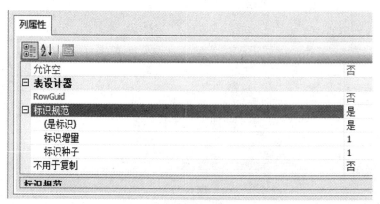

图 6.19

②联系人分组表 ContactGroup（图 6.20）。

图 6.20

Id 列定义为 int 类型，在下面的"列属性"中，设置为"是标识"（图 6.21）。

图 6.21

③联系人表 Contact（图 6.22）。

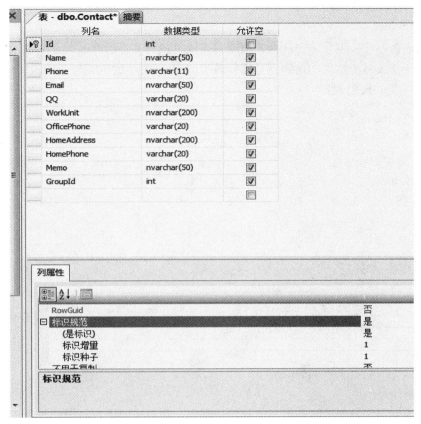

图 6.22

6.6.3 项目的数据库连接

1. 用户登录

设计如图 6.23 所示的登录窗体。

图 6.23

2. 公共类的添加

在本项目中需要添加两个公共类：

（1）DBHelper 类

主要用来保存连接字符串，这样，当项目生成可执行文件后并装载在其他电脑上运行该项目时，不必修改每个模块的代码，只需修改 DBHelper 类中的内容就可以了。

DBHelper 类的代码为：

```csharp
using System;
using System.Collections.Generic;
using System.Linq;
using System.Text;
using System.Configuration;
namespace sqlconnection
{
    class DBHelper
    {
        public static string connString = @"Data Source=.;Initial Catalog=addresslist;Integrated Security=True";
    }
}
```

（2）UserHelper 类

主要用来保存用户登录时的用户名和用户密码，为后来的用户密码修改模块做准备。

UserHelper 类代码：

```csharp
using System;
using System.Collections.Generic;
using System.Linq;
using System.Text;
namespace sqlconnection
{
    class UserHelper
    {
        public static string username = "";//用户名
        public static string password = "";//密码
    }
}
```

3. 登录窗体部分的代码

```csharp
using System;
using System.Collections.Generic;
using System.ComponentModel;
```

```csharp
using System.Data;
using System.Drawing;
using System.Linq;
using System.Text;
using System.Windows.Forms;
using System.Data.SqlClient;
namespace sqlconnection
{
    public partial class Form1:Form
    {
        public Form1()
        {
            InitializeComponent();
        }

        private void login_Click(object sender,EventArgs e)
        {
            if(txtUserName.Text.Trim() == "" || txtPassword.Text.Trim() == "")
            {
                MessageBox.Show("用户名或密码不能为空!");
                txtUserName.Focus();
                return;
            }
            string sqlstr = string.Format("select count(*) from [User] where UserName = '{0}' and Password = {1}",txtUserName.Text.Trim(),txtPassword.Text.Trim());
            using( SqlConnection conn = new SqlConnection(DBHelper.connString))
            {
                conn.Open();
                SqlCommand cmd = new SqlCommand(sqlstr,conn);
                int n = Convert.ToInt32(cmd.ExecuteScalar().ToString());
                if(n == 1)
                {//为修改登录密码做准备,因为是静态成员,不能用对象调用
                    UserHelper.username = txtUserName.Text.Trim();
                    UserHelper.password = txtPassword.Text.Trim();
                    this.Hide();
```

```
                FormMain f = new FormMain();
                f.Show();
            }
            else
            {
                MessageBox.Show("用户名或密码错误,请重新输入!","错误");
                txtUserName.Text = "";
                txtPassword.Text = "";
                txtUserName.Focus();
            }
        }
    }
}
```

6.6.4 项目的主窗体的设计

1. 主窗体

界面如图 6.24 所示。

图 6.24

2. 添加控件及属性设置

添加一个菜单栏控件 menuStrip1,其属性设置见表 6.15。

表 6.15

菜单项名	Name 属性	子菜单名	子菜单 Name 属性	调用窗体的 Name 属性	调用窗体的类型
联系人管理	tsmContactMng	联系人列表	tsmiContactList	FormContactList	Windows 窗体
		增加联系人	tsmiContactAdd	FormContactAdd	Windows 窗体
分组管理	tsmiGroupMng	分组列表	tsmiGroupList	FormGroupList	Windows 窗体
		增加分组	tsmiGroupAdd	FormGroupAdd	Windows 窗体
系统管理	tsmiSystemManage	修改密码	tsmiPwd	FormPwdChange	Windows 窗体

添加一个工具条 toolStrip1，其属性设置见表 6.16。

表 6.16

工具按钮名字	Name 属性	DisplayStyle 属性	Image 属性	Click 事件调用的方法名（对应菜单项的方法名）
联系人列表	tsbtnContactList	ImageAndText	显示的图标：ico 或 bmp	tsmiContactList_Click
分组列表	tsbtnGroupList	ImageAndText	显示的图标：ico 或 bmp	tsmiGroupList_Click
修改密码	tsbtnPwd	ImageAndText	显示的图标：ico 或 bmp	tsmiPwd_Click

添加一个状态栏控件 statusStrip1，单击 statusStrip1 右上端的小箭头按钮，选择"编辑项"（图 6.25）。

图 6.25

进入"项目集合编辑器"窗体,在"选择项并添加到下列表"中选择"statusLabel",单击"添加"按钮,添加两个 StatusLabel,分别设置 Name 属性为:tsslblUserName 和 tsslblDate(图 6.26)。

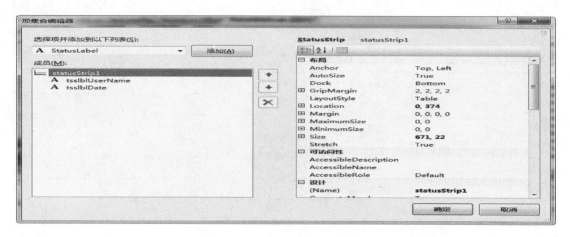

图 6.26

3. 代码编写

```
private void FormMain_Load(object sender,EventArgs e)
//窗体装载代码
    {
        tsslblUserName.Text = "欢迎" + UserHelper.username + "使用通讯录";
        tsslblDate.Text = "当前日期:" + DateTime.Now.ToLongDateString();//用于获得当前日期
    }
```

每个菜单项的代码:

```
        private void tsmiContactList_Click(object sender,EventArgs e)
                                            //联系人列表菜单项
        {
            FormContactList f = new FormContactList();
            f.ShowDialog();
        }

        private void tsmiContactAdd_Click(object sender,EventArgs e)
                                            //增加联系人菜单项
        {
            FormContactAdd f = new FormContactAdd();
            f.ShowDialog();
```

```csharp
        }
        private void tsmiGroupList_Click(object sender,EventArgs e)
                                                           //分组列表菜单项
        {
            FormGroupList f = new FormGroupList();
            f.ShowDialog();
        }

        private void tsmiGroupAdd_Click(object sender,EventArgs e)
                                                           //增加分组菜单项
        {
            FormGroupAdd f = new FormGroupAdd();
            f.ShowDialog();
        }

        private void tsmiPwd_Click(object sender,EventArgs e)
                                                           //修改密码菜单项
        {
            FormPwdChange f = new FormPwdChange();
            f.ShowDialog();
        }

private void FormMain_FormClosed(object sender,FormClosedEventArgs
e)//关闭窗体---FormClosed事件的代码
    {
                Application.Exit();
    }
}
```

6.6.5 项目的分组列表

1. 分组列表窗体
界面如图 6.27 所示。
2. 分组列表部分开发步骤
在分组列表窗体 FormGroupList.cs 中添加如图 6.27 所示控件，空间名称及属性见表 6.17。

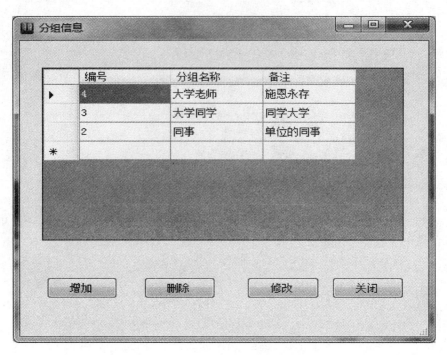

图 6.27

表 6.17

控件类型	Name 属性	Text 属性	Click 事件调用的方法名
DataGridView	dgvGrooupList	无	无
Button	btnAdd	增加	btnAdd_Click
	btnDelete	删除	btnDelete_Click
	btnModify	修改	btnModify_Click
	btnClose	关闭	btnClose_Click

单击 DataGridView 控件右上角的箭头形按钮，然后选择"编辑列…"选项（图6.28），然后进入"编辑列"对话框（图6.29）。

在"编辑列"对话框中，单击"添加"按钮，进入如图6.30所示的"添加列"对话框。由于在该项目中，并未使用可视化的方法为 DataGridView 控件绑定数据源，所以选择"未绑定列"。在添加列对话框中，在"页眉文本"中输入在 DataGridView 控件中显示的该列的显示文本，然后单击"添加"，回到图6.29。

回到图6.29后，在"数据–DataPropertyName"中输入在 SQL Server 的 Contact 表中与编号对应字段名 Id，最后单击"确定"。DataGridView 控件中的显示页眉文本与 Contact 表字段的对应关系见表6.18。

数据库应用 第6章

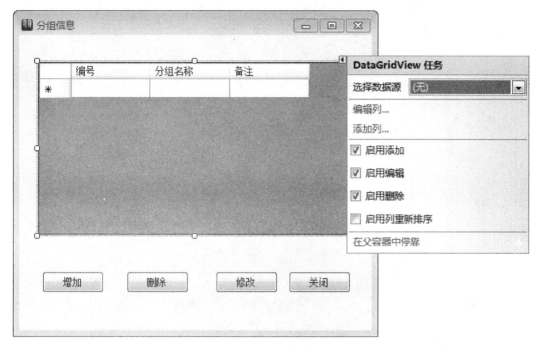

图 6.28

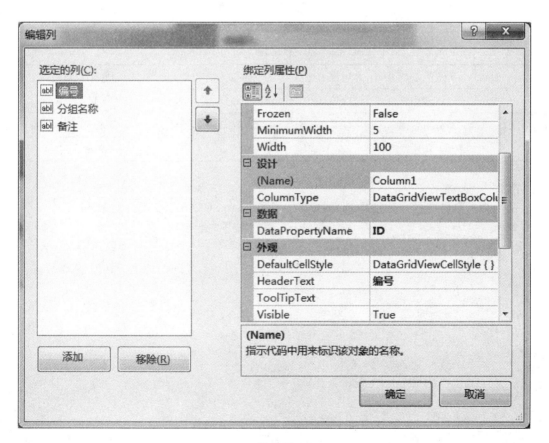

图 6.29

229

C#程序设计案例教程

图 6.30

表 6.18

DataGridView 页眉文本 HeadText 属性	Name 属性	DataProperty 属性
编号	Column1	Id
分组名称	Column2	GroupName
备注	Column3	Memo

3. 代码部分

添加两个全局变量，分别是 DataSet 类的对象 ds 和 SQLAdapter 类的对象 da。

```csharp
using System.Data;
using System.Drawing;
using System.Linq;
using System.Text;
using System.Windows.Forms;
using System.Data.SqlClient;
using System.Configuration;
namespace sqlconnection
{
    public partial class FormGroupList:Form
    {
```

```
        DataSet ds;                    //DataSet 类的对象
        SqlDataAdapter   da;           //SQLAdapter 类的对象
    }
}
```

添加一个方法 fill( )，功能是：
①用 ContactGroup 表的数据来填充数据集对象；
②为 DataGridView 控件 dgvGrooupList 绑定数据源。

```
public void fill()
    {
            string sql = "select Id,GroupName,Memo from Contact-Group order by Id desc";
            using(SqlConnection conn = new SqlConnection(DBHelper.connString))
            { ds = new DataSet();
              da = new SqlDataAdapter(sql,conn);
              da.Fill(ds);
              dgvGrooupList.DataSource = ds.Tables[0];
            }
    }
```

数据表格控件 dgvGrooupList 的 CellDoubleClick 事件（单击单元格的内容发生改变时所触发的事件）：

```
private void dgvGrooupList_CellDoubleClick(object sender,DataGridViewCellEventArgs e)
    {
        int id = 0;
        try
        {
            id = (int)dgvGrooupList.CurrentRow.Cells[0].Value;
        }
        catch
        {
            MessageBox.Show("请双击有效数据行!");
            return;
        }
        FormGroupDetail f = new FormGroupDetail(id);
        f.ShowDialog();
        fill();
    }
```

"增加"按钮的单击事件：

```
private void btnAdd_Click(object sender,EventArgs e)
    {
            FormGroupAdd f = new FormGroupAdd();
            f.ShowDialog();
            fill();
    }
```

4. 增加分组窗体——FormGroupAdd 窗体的设计

（1）窗体中控件的添加（图 6.31）

图 6.31

（2）FormGroupAdd 窗体控件的类型和属性（表 6.19）

表 6.19

控件类型	Name 属性	Text 属性	MultiLine 属性
Label	Label1	分组名称	
	Label2	备注	
TextBox	txtGroupName	Null	
	txtGroupMemo	Null	true
Botton	btnSave	保存	
	btnClose	关闭	

（3）增加分组窗体——FormGroupAdd 窗体的代码

FormGroupAdd 窗体——添加一个方法 CheckGroupName()，功能是：

检测在 txtGroupName 文本框中是否输入分组名称，以及输入的分组名称在 SQL Server 数据库 ContactGroup 表中是否已经存在用户刚刚输入的分组名称。

```
bool  CheckGroupName(string groupName)
    {
        bool check = true;
```

```csharp
            if(groupName=="")
            {
                MessageBox.Show("分组名称不能为空!");
                txtGroupName.Focus();
                check=false;
            }
            else
            {
                using(SqlConnection conn=new SqlConnection(DBHelper.connString))
                {
                    string sql=string.Format("select count(*) from ContactGroup where GroupName='{0}'",groupName);
                    SqlCommand cmd=new SqlCommand(sql,conn);
                    conn.Open();
                    int n=Convert.ToInt32(cmd.ExecuteScalar());
                    if(n>=1)
                    {
                        MessageBox.Show("分组名重复,请修改!");
                        txtGroupName.Text=txtGroupMemo.Text="";
                        txtGroupName.Focus();
                        check=false;
                    }
                }
            }
    return check;
        }
```

"保存"按钮的单击事件：

```csharp
private void btnSave_Click(object sender,EventArgs e)
        {
            string groupName=txtGroupName.Text.Trim();
            if(CheckGroupName(groupName)==false)
            {
                return;
            }
            string memo=txtGroupMemo.Text.Trim();
            using(SqlConnection conn=new SqlConnection(DBHelper.connString))
```

```csharp
        {
            conn.Open();
            string sql = string.Format("insert into Contact-Group values('{0}','{1}')",groupName,memo);
            SqlCommand cmd = new SqlCommand(sql,conn);
            int n = Convert.ToInt32(cmd.ExecuteNonQuery());
            if(n!=1)
            {
                MessageBox.Show("添加分组失败");
            }
            else
            {
                MessageBox.Show("添加分组成功");
            }
        }
```

"关闭"按钮的单击事件:

```csharp
private void btnClose_Click(object sender,EventArgs e)
    {
        this.Close();
    }
```

"删除"按钮的单击事件:

```csharp
private void btnDelete_Click(object sender,EventArgs e)
    {
        int id=0;
        try
        {
            id=(int)dgvGrooupList.CurrentRow.Cells[0].Value;
            //获得当前行的第一个单元格的值(索引从0开始),即分组编号
        }
        catch
        {
            MessageBox.Show("请选择有效数据行!");
            return;
        }
        if(MessageBox.Show("确定要删除吗?","询问",MessageBoxButtons.YesNo,MessageBoxIcon.Warning)!=DialogResult.Yes)
        {
```

```csharp
            return;
        }
        using(SqlConnection conn = new SqlConnection(DBHelper.connString))
        {
            string sql = string.Format("select count(*) from Contact where GroupId={0}",id);
            SqlCommand cmd = new SqlCommand(sql,conn);
            conn.Open();
            int n = Convert.ToInt32(cmd.ExecuteScalar());
            if(n>=1)
            {
                MessageBox.Show("该分组下有联系人信息,不允许删除该分组!");
                return;
            }
        }
        using(SqlConnection conn = new SqlConnection(DBHelper.connString))
        {
            string sql = string.Format("delete from ContactGroup where Id={0}",id);
            SqlCommand cmd = new SqlCommand(sql,conn);
            conn.Open();
            int n = Convert.ToInt32(cmd.ExecuteNonQuery());
            if(n!=1)
            {
                MessageBox.Show("删除失败!");
            }
            else
            {
                MessageBox.Show("删除成功!");
            }
        }
        fill();
    }
```

"修改"按钮的单击事件:

```csharp
private void btnModify_Click(object sender,EventArgs e)
```

```
        {
            int id=0;
            try
            {
                id=(int)dgvGrooupList.CurrentRow.Cells[0].Value;
//获得分组编号,然后调用重载的formGroupDetail窗体的构造方法,传入分组编号
            }
            catch
            {
                MessageBox.Show("请选择有效数据行!");
                return;
            }
            FormGroupDetail f=new FormGroupDetail(id);
            f.ShowDialog();
            fill();
        }
```

5. 分组详细信息窗体——FormGroupDetail 窗体的设计

（1）窗体中控件的添加（图 6.32）

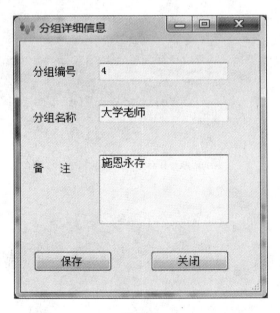

图 6.32

（2）FormGroupDetai 窗体控件的类型和属性（表 6.20）

表 6.20

控件类型	Name 属性	Text 属性	MultiLine 属性
Label	Label1	分组编号	
	Label2	分组名称	
	Label3	备注	
TextBox	txtId	Null	
	txtGroupName	Null	
	txtGroupMemo	Null	true
Botton	btnSave	保存	
	btnClose	关闭	

(3) 分组详细信息窗体——FormGroupDetai 窗体的代码

添加一个成员变量 id，功能用来保存分组编号字段的值。

```
using System;
using System.Collections.Generic;
using System.ComponentModel;
using System.Data;
using System.Drawing;
using System.Linq;
using System.Text;
using System.Windows.Forms;
using System.Data.SqlClient;

namespace sqlconnection
{
    public partial class FormGroupDetail:Form
    {
        int id;                              //成员 id
        public FormGroupDetail()
        {
            InitializeComponent();
        }
    }
}
```

添加一个构造函数，功能是对成员变量 id 初始化。

```
public FormGroupDetail(int id)//添加一个构造函数
        {
            this.id = id;
            InitializeComponent();
        }
```

加载窗体事件的功能是，用户在 FormGroupList 窗体的 DataGridView 控件——dgvGrooupList 控件中单击某个单元格后，按照所选中的单元格中所对应的 ContactGroup 表中 id 值，查询该条记录的所有内容，来填充文本框 txtGroupName.Text 和 txtGroupMemo.Text。

```csharp
private void FormGroupDetail_Load(object sender,EventArgs e)
{
    txtId.Text = id.ToString();
    string connstring = DBHelper.connString;
    string sqlstr = string.Format("select * from ContactGroup where id={0}",id);
    using(SqlConnection conn = new SqlConnection(connstring))
    {
        SqlCommand cmd = new SqlCommand(sqlstr,conn);
        conn.Open();
        SqlDataReader dr = cmd.ExecuteReader();
        if(dr.Read())
        {
            txtGroupName.Text = dr["GroupName"].ToString();
            txtGroupMemo.Text = dr["Memo"].ToString();
        }
        dr.Close();
    }
}
```

添加一个成员方法的功能是判断用户是否输入了分组名称。

```csharp
bool CheckGroupName(string groupName)
{
    bool check = true;
    if(groupName == "")
    {
        MessageBox.Show("分组名称不能为空!");
        txtGroupName.Focus();
        check = false;
    }
    return check;
}
```

"保存"按钮的单击事件：

```csharp
private void btnSave_Click(object sender,EventArgs e)
{
    string groupName = txtGroupName.Text.Trim();
```

```csharp
            if(CheckGroupName(groupName) == false)
            {
                return;
            }
            string memo = txtGroupMemo.Text.Trim();
            using(SqlConnection conn = new SqlConnection(DBHelper.connString))
            {
                string sql = string.Format("update ContactGroup set GroupName = '{0}',Memo = '{1}' where Id = {2}",groupName,memo,id);
                SqlCommand cmd = new SqlCommand(sql,conn);
                conn.Open();
                int n = Convert.ToInt32(cmd.ExecuteNonQuery());
                if(n!=1)
                {MessageBox.Show("更新失败");}
                else
                {MessageBox.Show("更新成功");}
            }
        }
```

"关闭"按钮的单击事件：

```csharp
private void btnClose_Click(object sender,EventArgs e)
        {
            this.Close();
        }
```

窗体的装载事件：

```csharp
private void FormGroupList_Load(object sender,EventArgs e)
        {
            fill();
        }
```

6.6.6 项目的联系人列表

一、联系人列表窗体界面（图6.33）

二、联系人列表部分开发步骤

1. 联系人列表窗体——FormContactList 窗体的控件及属性设置（表6.21）

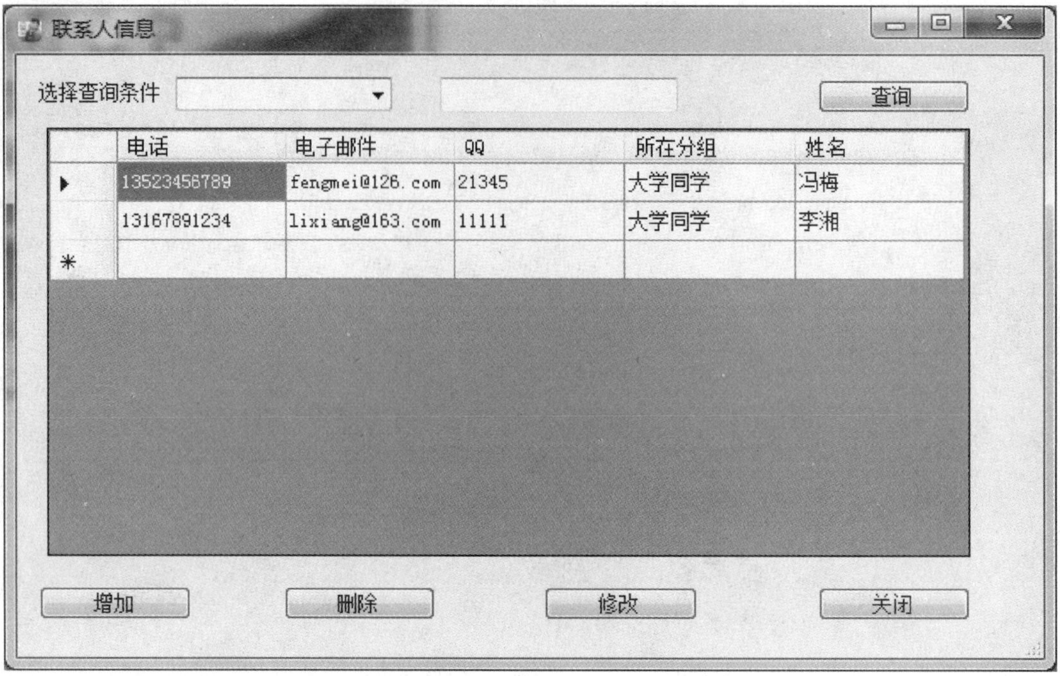

图 6.33

表 6.21

控件类型	Name 属性	Text 属性	Items 属性	Columns 属性（集合）		
				Name 属性	DataPropertyName 属性	HeadText 属性
ComboBox	cboCondition		姓名			
			手机			
TextBox	txtSearch					
DataGridView	dgvContactList			Column1	Id	编号
				Column2	Name	姓名
				Column3	Phone	电话
				Column4	Email	电子邮件
				Column5	QQ	QQ
				Column6	GroupName	所在分组
Button	btnAdd	增加				
	btnDelete	删除				
	btnModify	修改				
	btnClose	关闭				
	btnSearch	查询				

2. 添加 Utility 类

①功能：电话号码、QQ、E_mail 地址等方法的集合。

②步骤：单击"解决方案资源管理器"→"sqlconnection"，右击，单击"添加"→"新项目"→"类"。

③添加命名空间。由于用到正则表达式，所以添加下面的命名空间：

```
using System.Text.RegularExpressions;
```

④类中方法的添加。

检查手机号是否符合规范的方法——CheckMobilPhone：

```
public static bool CheckMobilPhone(string phone)
{
    bool check = true;
    if(phone!="")
    {
      if(phone.Length!=11 ||!Regex.IsMatch(phone,@"13[012356789]\d{8}|15[12356789]\d{8}|18[12356789]\d{8}"))
//使用静态 Match 方法,可以得到源中第一个匹配模式的连续子串
        {
            check = false;
        }
    }
    return check;
}
```

检查 E-mail 是否符合规范的方法——CheckEmail：

```
public static bool CheckEmail(string email)
{
bool check = true;
    if(email!="")
    {
    if(!Regex.IsMatch(email,@"\w+([=+.]\w+)*@\w+([-.]\w+)*\.\w+([-.]\w+)*"))
        {
            check = false;
        }
    }
    return check;
}
```

检查 QQ 号码是否符合规范的方法——CheckQQ：

```
public static bool CheckQQ(string qq)
    {
        bool check = true;
        if(qq! = "")
        {
            if(!Regex.IsMatch(qq,@ "^[1-9]* [1-9][1-9][0-9]* $"))
            {
                check = false;
            }
        }
        return check;
    }
```

检查固定电话是否符合规范的方法——CheckPhone：

```
public static bool CheckPhone(string phone)
    {
        bool check = true;
        if(phone! = "")
        {
            if(!Regex.IsMatch(phone,@ "^(0[0-9]{2,3}\-)?([0-9]{6,7})+(\-[0-9]{1,4})? $"))
            {
                check = false;
            }
        }
        return check;
    }
```

3. FormContactList 类中成员的添加

```
using System;
using System.Collections.Generic;
using System.ComponentModel;
using System.Data;
using System.Drawing;
using System.Linq;
using System.Text;
using System.Windows.Forms;
using System.Data.SqlClient;
namespace sqlconnection
```

```csharp
    {
        public partial class FormContactList:Form
        {
            SqlDataAdapter da;                    //实例变量
            DataSet ds;                           //实例变量
            public FormContactList()
            {
                InitializeComponent();
            }
```

4. FormContactList 类中方法的添加——Fill 方法

功能：实现按照姓名或手机查询联系人，并把查询结果在 DataGridView 控件——dgvContactList 中显示出来。

代码：

```csharp
        public void Fill()
        {
            string sql = "select Contact.Id,[Name],Phone,Email,QQ,GroupName from Contact,ContactGroup where Contact.GroupId = ContactGroup.Id";
            if(cboCondition.Text == "姓名")
            {
                sql += " and[Name]like '% " + txtSearch.Text.Trim() +"% '";
            }
            else
            {
                if(cboCondition.Text == "手机")
                {
                    sql += " and Phone like '% " + txtSearch.Text.Trim() +"% '";
                }
                sql += " order by Contact.Id desc";
            }
            using (SqlConnection conn = new SqlConnection(DBHelper.connString))
            {
                ds = new DataSet();
                da = new SqlDataAdapter(sql,conn);
                conn.Open();
```

```
            da.Fill(ds);
            dgvContactList.DataSource=ds.Tables[0];
        }
    }
```

5. FormContactList 类各控件相应方法的添加
(1) 加载窗体事件

```
private void FormContactList_Load(object sender,EventArgs e)
        {
            Fill();
        }
```

(2) DataGridView 控件——dgvContactList 的双击单元格事件

```
private void dgvContactList_CellDoubleClick(object sender,DataGrid-
ViewCellEventArgs e)
        {
            int id=0;
            try
            {
                id=(int)dgvContactList.CurrentRow.Cells[0].Value;
            }
            catch
            {
                MessageBox.Show("请双击有效数据行!");
                return;
            }
            FormContactDetail f=new FormContactDetail(id);  //Form-
ContactDetail 窗体的调用(1)
            f.ShowDialog();
            Fill();
        }
```

(3) "查询" 按钮单击事件

```
private void btnSearch_Click(object sender,EventArgs e)
        {
            Fill();
        }
```

(4) "增加" 按钮单击事件

```
private void btnAdd_Click(object sender,EventArgs e)
        {
```

```csharp
            FormContactAdd f = new FormContactAdd();
            //调用增加联系人的窗体 FormContactAdd
            f.ShowDialog();
            Fill();
        }
```

(5)"删除"按钮单击事件

```csharp
        private void btnDelete_Click(object sender,EventArgs e)
        {
            int id=0;
            try
            {
                id=(int)dgvContactList.CurrentRow.Cells[0].Value;
            }
            catch
            {
                MessageBox.Show("请选择有效数据行!");
                return;
            }
            if(MessageBox.Show("确定要删除吗!","询问",MessageBoxButtons.YesNo,MessageBoxIcon.Warning)!=DialogResult.Yes)
                return;
            using(SqlConnection conn = new SqlConnection(DBHelper.connString))
            {
                string sql = string.Format("delete from Contact where Id={0}",id);
                SqlCommand cmd=new SqlCommand(sql,conn);
                conn.Open();
                int n=Convert.ToInt32(cmd.ExecuteNonQuery());
                if(n!=1)
                {MessageBox.Show("删除失败!");}
                else
                {MessageBox.Show("删除成功!");}
            }
            Fill();
        }
```

(6)"修改"按钮单击事件

```csharp
        private void btnModify_Click(object sender,EventArgs e)
```

```
        {
            int id = 0;
            try
            {
                id = (int)dgvContactList.CurrentRow.Cells[0].Value;
            }
            catch
            {
                MessageBox.Show("请选择有效数据行!");
                return;
            }
            FormContactDetail f = new FormContactDetail(id);   //
FormContactDetail 窗体的调用(2)
            f.ShowDialog();
            Fill();
        }
```

(7)"关闭"按钮单击事件

```
private void btnClose_Click(object sender,EventArgs e)
        {
            this.Close();
        }
```

书签1：联系人详细信息——FormGroupDetail 窗体的调用

在FormContactLis 窗体中单击"修改"按钮或在 DataGridView 控件上双击某个单元格，调用 FormGroupDetail 窗体（Link 图1）。

Link 图1　FormGroupDetail 窗体界面

1. FormGroupDetail 窗体

窗体中控件和属性设置见 Link 表 1。

Link 表 1　FormGroupDetail 窗体控件

控件类型	Name 属性	Text 属性	MultiLine 属性
Label	Label1	自动编号	
	Label2	姓名	
	Label3	工作单位	
	Label4	手机	
	Label5	电子邮件	
	Label6	工作单位	
	Label7	单位电话	
	Label8	家庭电话	
	Label9	QQ	
	Label10	所在分组	
	Label11	备注	
TextBox	txtId		
	txtName		
	txtPhone		
	txtEmail		
	txtWorkUnit		
	txtHomePhone		
	txtOfficePhone		
	txtHomeAddress		
	txtQQ		
	txtMemo		True
ComboBox	cboGroup		
Botton	btnSave	保存	
	btnClose	关闭	

2. FormGroupDetail 类中成员的添加

```
int id;
```

3. FormGroupDetail 类中构造函数的添加

```
public FormContactDetail(int id)
        {
            this.id = id;
```

```
            InitializeComponent();
        }
```

4. FormGroupDetail 类中方法的添加

（1） Check() 方法

主要功能是检测输入的各项内容是否符合格式要求。

```
bool Check(string name,string phone,string email,string qq,string officePhone,string homePhone)
    {
        bool check = true;
        if(name == "")
        {
            MessageBox.Show("联系人姓名不能为空!");
            txtName.Focus();
            check = false;
        }
        if(!Utility.CheckMobilPhone(phone))
        {
            MessageBox.Show("手机号码不正确!");
            txtPhone.Focus();
            check = false;
        }
        if(!Utility.CheckEmail(email))
        {
            MessageBox.Show("Email 格式不正确!");
            txtEmail.Focus();
            check = false;
        }
        if(!Utility.CheckQQ(qq))
        {
            MessageBox.Show("QQ 号码不正确!");
            txtQQ.Focus();
            check = false;
        }
        if(!Utility.CheckPhone(officePhone))
        {
            MessageBox.Show("办公室电话不正确!");
            txtOfficePhone.Focus();
            check = false;
```

```
        }
        if( !Utility.CheckPhone(homePhone))
        {
            MessageBox.Show("家庭电话不正确!");
            txtHomePhone.Focus();
            check = false;
        }
        return check;
}
```

（2）FillGroup( ) 方法

主要功能是为组合框填充数据源（ContactGroup 表中的 GroupName 列的值）。有两种方法实现。

方法一：

```
public void FillGroup()
        {
                string connString = DBHelper.connString;
                string sql = "select* from ContactGroup";
                using(SqlConnection conn = new SqlConnection(connString))
                {
                    SqlCommand cmd = new SqlCommand(sql,conn);
                    DataSet ds = new DataSet();
                    SqlDataAdapter da = new SqlDataAdapter(sql,conn);
                    da.Fill(ds);
                    cboGroup.DisplayMember = "GroupName";
                    cboGroup.ValueMember = "Id";
                    cboGroup.DataSource = ds.Tables[0];
                }
        }
```

方法二：

```
public void FillGroup()
        {
                string connString = DBHelper.connString;
                string sql = "select GroupName from ContactGroup";
                using(SqlConnection conn = new SqlConnection(connString))
                {
                    conn.Open();
                    SqlCommand cmd = new SqlCommand(sql,conn);
                    DataSet ds = new DataSet();
```

```csharp
            SqlDataReader reader = cmd.ExecuteReader();
            while(reader.Read())
            {
                cboGroup.Items.Add(reader.GetString(0));
            }
            reader.Close();
        }
    }
```

5. FormGroupDetail 类中控件的相应事件

（1）加载窗体事件

```csharp
    private void FormContactDetail_Load(object sender,EventArgs e)
            {
            FillGroup();
            txtId.Text = id.ToString();
            string connstring = DBHelper.connString;
            string sqlstr = string.Format("select* from Contact where id={0}",id);
            using(SqlConnection conn = new SqlConnection(connstring))
            {
            SqlCommand cmd = new SqlCommand(sqlstr,conn);
            conn.Open();
            SqlDataReader dr = cmd.ExecuteReader();
            if(dr.Read())
            {
                txtName.Text = dr["Name"].ToString();
                txtPhone.Text = dr["Phone"].ToString();
                txtQQ.Text = dr["QQ"].ToString();
                 txtOfficePhone.Text = dr["OfficePhone"].ToString();
                txtHomePhone.Text = dr["HomePhone"].ToString();
                 txtHomeAddress.Text = dr["HomeAddress"].ToString();
                txtEmail.Text = dr["Email"].ToString();
                 txtWorkUnit.Text = dr["WorkUnit"].ToString();
                txtMemo.Text = dr["Memo"].ToString();
                 cboGroup.SelectedValue = dr["GroupId"].ToString();
```

```
            }
            dr.Close();
        }
    }
```

(2)"保存"按钮单击事件

```
private void btnSave_Click(object sender,EventArgs e)
        {
            string name = txtName.Text.Trim();
            string phone = txtPhone.Text.Trim();
            string email = txtEmail.Text.Trim();
            string qq = txtQQ.Text.Trim();
            string workUnit = txtWorkUnit.Text.Trim();
            string officePhone = txtOfficePhone.Text.Trim();
            string homeAdress = txtHomeAddress.Text.Trim();
            string homePhone = txtHomePhone.Text.Trim();
            string memo = txtMemo.Text.Trim();
            int groupId = Convert.ToInt32(cboGroup.SelectedValue);
              if(!Check(name,phone,email,qq,officePhone,homePhone))
                return;
            using(SqlConnection conn = new SqlConnection(DBHelper.connString))
            {
                string sql = string.Format("update Contact set [Name]='{0}',Phone='{1}',Email='{2}',QQ='{3}',WorkUnit='{4}',OfficePhone='{5}',homeAddress='{6}',homePhone='{7}',memo='{8}',groupId={9} where id={10}",name,phone,email,qq,workUnit,officePhone,homeAdress,homePhone,memo,groupId,id);
                SqlCommand cmd = new SqlCommand(sql,conn);
                conn.Open();
                int n = Convert.ToInt32(cmd.ExecuteNonQuery());
                if(n!=1)
                {MessageBox.Show("更新失败!");}
                else
                {MessageBox.Show("更新成功!");}
            }
        }
```

(3)"关闭"按钮单击事件

```
private void btnClose_Click(object sender,EventArgs e)
    {
        this.Close();
    }
```

书签2：增加联系人——FormContactAdd 窗体的调用

在 FormContactLis 窗体中，单击"增加"按钮调用 FormContactAdd 窗体（Link 图2）。

Link 图2　FormContactAdd 窗体界面

1. FormGroupAdd 窗体

窗体中控件和属性设置见 Link 表2。

Link 表2　FormGroupAdd 窗体控件

控件类型	Name 属性	Text 属性	MultiLine 属性
Label	Label1	姓名	
	Label2	工作单位	
	Label3	手机	
	Label4	电子邮件	
	Label5	工作单位	
	Label6	单位电话	
	Label7	家庭电话	
	Label8	QQ	

续表

控件类型	Name 属性	Text 属性	MultiLine 属性
Label	Label9	所在分组	
	Label10	备注	
TextBox	txtName		
	txtPhone		
	txtEmail		
	txtWorkUnit		
	txtHomePhone		
	txtOfficePhone		
	txtHomeAddress		
	txtQQ		
	txtMemo		True
ComboBox	cboGroup		
Botton	btnSave	保存	
	btnClose	关闭	

2. FormGroupAdd 类中方法的添加

(1) Check 方法的添加（检测用户输入的各项值是否符合格式要求）

```
bool Check(string name, string phone, string email, string qq, string officePhone, string homePhone)
{
    bool check = true;
    if(name == "")
    {
        MessageBox.Show("联系人姓名不能为空!");
        txtName.Focus();
        check = false;
    }
    if(!Utility.CheckMobilPhone(phone))
    {
        MessageBox.Show("手机号码不正确!");
        txtPhone.Focus();
        check = false;
    }
    if(!Utility.CheckEmail(email))
    {
```

```csharp
            MessageBox.Show("Email 格式不正确!");
            txtEmail.Focus();
            check = false;
        }
        if(!Utility.CheckQQ(qq))
        {
            MessageBox.Show("QQ 号码不正确!");
            txtQQ.Focus();
            check = false;
        }
        if(!Utility.CheckPhone(officePhone))
        {
            MessageBox.Show("办公电话不正确!");
            txtOfficePhone.Focus();
            check = false;
        }
        if(!Utility.CheckPhone(homePhone))
        {
            MessageBox.Show("家庭电话不正确!");
            txtHomePhone.Focus();
            check = false;
        }
        return check;
    }
```

（2）FillGroup 方法的添加（为组合框 cboGroup 绑定数据源）

```csharp
public void FillGroup()
{
    string connString = DBHelper.connString;
    string sql = "select* from ContactGroup";
    using(SqlConnection conn = new SqlConnection(connString))
    {
        SqlCommand cmd = new SqlCommand(sql,conn);
        DataSet ds = new DataSet();
        SqlDataAdapter da = new SqlDataAdapter(sql,conn);
        da.Fill(ds);
        cboGroup.DisplayMember = "GroupName";
        cboGroup.ValueMember = "Id";
        cboGroup.DataSource = ds.Tables[0];
```

        }
    }

(3)"保存"按钮的单击事件

```csharp
        private void btnSave_Click(object sender,EventArgs e)
        {
            string name = txtName.Text.Trim();
            string phone = txtPhone.Text.Trim();
            string email = txtEmail.Text.Trim();
            string qq = txtQQ.Text.Trim();
            string workUnit = txtWorkUnit.Text.Trim();
            string officePhone = txtOfficePhone.Text.Trim();
            string homeAddress = txtHomeAddress.Text.Trim();
            string HomePhone = txtHomePhone.Text.Trim();
            string memo = txtMemo.Text.Trim();
            //获取分组编号
            int groupId = Convert.ToInt32(cboGroup.SelectedValue);
            if(!Check(name,phone,email,qq,officePhone,HomePhone))
                return;
            using(SqlConnection conn = new SqlConnection(DBHelper.connString))
            {
                string sql = string.Format("insert into Contact values('{0}','{1}','{2}','{3}','{4}','{5}','{6}','{7}','{8}','{9}')",
                    name,phone,email,qq,workUnit,officePhone,homeAddress,HomePhone,memo,groupId);
                SqlCommand cmd = new SqlCommand(sql,conn);
                conn.Open();
                int n = Convert.ToInt32(cmd.ExecuteNonQuery());
                if(n!=1)
                {MessageBox.Show("添加联系人失败!");}
                else
                {MessageBox.Show("添加联系人成功!");}
            }
        }
```

(4)加载窗体事件

```csharp
private void FormContactAdd_Load(object sender,EventArgs e)
{
    FillGroup();
```

}

　　(5)"关闭"按钮单击事件

```
private void btnClose_Click(object sender,EventArgs e)
{
    this.Close();
}
```

6.6.7 用户密码修改

1. 设计用户密码修改窗体

用户修改密码时,应该要求用户输入正确的原始密码,并要求用户输入新密码两次。密码修改窗体 FormPwdChange 的设计界面如图 6.34 所示。

图 6.34

窗体上各控件属性设置见表 6.22。

表 6.22

控件类型	控件名称	属性	设置结果
Label	label1	Text	原始密码
	label2	Text	新密码
	label3	Text	新密码确认
TxtBox	txtOldPwd	PasswordChar	*
	txtNewPwd	PasswordChar	*
	txtNewPwdAgain	PasswordChar	*

续表

控件类型	控件名称	属性	设置结果
Button	btnSave btnClose	Text Text	保存 关闭

2. 代码实现

用户修改密码时，应该首先判断输入的原始密码是否正确。如果原始密码正确，且两次输入的新密码一致，则允许用户更新密码。

```
using System;
using System.Collections.Generic;
using System.ComponentModel;
using System.Data;
using System.Drawing;
using System.Linq;
using System.Text;
using System.Windows.Forms;
using System.Data.SqlClient;

namespace sqlconnection
{
    public partial class FormPwdChange:Form
    {
        public FormPwdChange()
        {
            InitializeComponent();
        }

        private void btnSave_Click(object sender,EventArgs e)
        //"保存"按钮事件代码
        {
            if(txtOldPwdd.Text.Trim()!=UserHelper.password)
            {
                MessageBox.Show("原始密码错误!");
                txtOldPwdd.Focus();
                return;
            }
            if(txtNewPwd.Text.Trim()!=txtNewPwd.Text.Trim())
            {
                MessageBox.Show("新密码不能为空,请输入!");
```

```
                txtNewPwd.Focus();
                return;
            }
            if(txtNewPwdAagain.Text.Trim()!=txtNewPwd.Text.Trim())
            {
                MessageBox.Show("两次输入的密码不一致,请重新输入!");
                txtNewPwdAagain.Focus();
                return;
            }
             using(SqlConnection conn = new SqlConnection(DBHelper.connString))
            {
                string sql = string.Format("update[User]set Password='{0}' where UserName='{1}'",txtNewPwd.Text.Trim(),UserHelper.username);
                SqlCommand cmd = new SqlCommand(sql,conn);
                conn.Open();
                int n = Convert.ToInt32(cmd.ExecuteNonQuery());
                if(n!=1)
                {MessageBox.Show("密码修改失败!");}
                else
                {
                    MessageBox.Show("密码修改成功!");
                    UserHelper.password=txtNewPwd.Text.Trim();
                }
            }
        }

private void btnClose_Click(object sender,EventArgs e)
//"关闭"按钮事件代码
        {
            this.Close();
        }
    }
}
```

备注：

①由于在用户登录时，已经将用户密码保存在 UserHelper 类中，所以判断用户原始密码是否正确时，只需用下面的代码即可。

```
if(txtOldPwdd.Text.Trim()!=UserHelper.password)
    {
        MessageBox.Show("原始密码错误!");
        txtOldPwdd.Focus();
        return;
    }
```

②如果用户两次输入的新密码一致，则可以通过 SqlCommand 对象的 ExecuteNonQuery 方法执行 Update 语句，更新用户密码，同时需要将新的密码保存到 UserHelper 类中。

```
UserHelper.password=txtNewPwd.Text.Trim();
```

● 实训6

1. 简述 ADO.NET 访问数据库的一般步骤。
2. 编程实现对个人简历管理的软件。

参 考 文 献

[1] 刘烨,季石磊. C#编程及应用程序开发教程(第2版)[M]. 北京:清华大学出版社,2007.
[2] 赵敏. C#程序设计基础——教程、实验、习题[M]. 北京:电子工业出版社,2011.
[3] 张世明. C#编程语言基础和应用[M]. 北京:中国铁道出版社,2011.
[4] 谢世煊. C#程序设计及基于工作过程的项目开发[M]. 西安:西安电子科技大学出版社,2010.